Erji Cengji Zhezhou Jiegou Lixue Xingneng Yanjiu

二级层级褶皱结构力学性能研究

方耀楚 著

人民交通出版社股份有限公司

北 京

内 容 提 要

本书分别引入弹性薄板理论、Hoff 夹层板理论和中厚板理论，对二级层级褶皱结构的力学性能和失效模式进行了研究，提出了失效模式和承载力预测的板模型。本书将二级层级褶皱结构作为芯层应用到夹层结构中，从弹塑性屈曲和屈服角度，研究了典型工况下二级层级褶皱夹层梁的弯曲失效行为，并考虑芯层弯曲变形对夹层梁剪切变形贡献减弱的特点，给出了一个修正因子，使得该类夹层梁三点弯曲挠度理论精度大幅提高。此外，本书从结构变形协调出发，对二级层级褶皱结构进行了二次正交各向异性等效，并就轻量化设计、特定失效模式、特定失效序列等性能需求，建立了多个单目标、多目标优化模型。

本书可作为高等学校土木、机械、航空、力学等专业研究生参考用书，也可作为上述相关专业工程技术人员的参考书。

图书在版编目(CIP)数据

二级层级褶皱结构力学性能研究 / 方耀楚著. — 北京：人民交通出版社股份有限公司，2020.8

ISBN 978-7-114-16337-1

Ⅰ. ①二… Ⅱ. ①方… Ⅲ. ①地质褶皱—结构力学—研究 Ⅳ. ①P542.2

中国版本图书馆 CIP 数据核字(2020)第 056308 号

书　　名：二级层级褶皱结构力学性能研究
著 作 者：方耀楚
责任编辑：刘　倩
责任校对：赵媛媛
责任印制：刘高彤
出版发行：人民交通出版社股份有限公司
地　　址：(100011)北京市朝阳区安定门外外馆斜街 3 号
网　　址：http://www.ccpcl.com.cn
销售电话：(010)59757973
总 经 销：人民交通出版社股份有限公司发行部
经　　销：各地新华书店
印　　刷：北京虎彩文化传播有限公司
开　　本：720×960　1/16
印　　张：9.75
字　　数：175 千
版　　次：2020 年 8 月　第 1 版
印　　次：2020 年 8 月　第 1 次印刷
书　　号：ISBN 978-7-114-16337-1
定　　价：50.00 元

前　言

基于性能的结构设计理念自提出以来就引起了学者们的热切关注，结构分灾设计概念作为实现该设计理念的一种思路，也引起越来越多的学者关注。分灾设计的基本思想是将整个结构系统设计从概念上分为两部分：主体结构和分灾元件。在常规荷载作用下，结构体系的主体结构和分灾元件共同发挥作用，保证结构的各种正常使用功能；在灾害荷载作用下，分灾元件开始发挥分灾作用，通过一定的分灾模式，以保证主体结构的安全，维护整个结构体系的正常使用；灾后可以对分灾元件进行维护、更换，以此实现结构性能的恢复。因此，分灾元件的设计对整个分灾体系来说至关重要。近些年来，一些学者在国际期刊上发表了数篇论文，提出了层级结构、褶皱结构等新颖的结构设计概念，而这些设计概念实际上体现了分灾设计的思想。

层级结构是一种特殊的自相似结构。事实上，许多自然的或人造的结构和材料都能在超过1个尺度上体现出这种特性，大到宇宙星云、山川走势，小到生物骨头结构、细胞胶原。而源于对自然界仿生设计思想的一些大型的结构中也体现了层级结构思想，譬如举世闻名的埃菲尔铁塔和加拉比高架桥。

夹层结构具有重量轻、强度高的特点，被广泛应用于船舶、航空航天和土木工程中。随着科技水平的不断发展，其芯层材料从早期的木头、金属发展到现今的复合材料，结构形式也从单一连续发展到多孔隙、多层级，设计方法也从人工设计发展到结构拓扑。由于具有良好的抗冲击、隔热降噪、屏蔽辐射等性能，基于功能的结构形式在多领域具备广阔的应用前景。

由于层级结构具备卓越性能，有关学者对层级结构展开了许多研究，但对层级结构性能方面的理论研究尚不多，大多都是从材料的有效连续方面进行研究，而从结构方面进行研究的较少，并且试验结果与理论预测有较大差距。因此，对二级层级褶皱夹层结构的构造特征及力学性能进行研究，具有理论价值。在工程设计中，优化技术的作用越来越重要，由此得到的结构设计相比依赖于工程经验显然更加合理，同时可以避免许多设计误区，在提高结构的力学性能方面具有较大的潜力。另外，随着社会的进步和人们生活质量的提高，人们对于结构性能的要求从以往只注重结构安全，已经变成全面注重结构的使用、安全、经济等性能要求,此外在满足性能要求基础上还要寻求性能最优。因此,将优化思想引入复杂结构设计中就显得很有必要;同时,基于性能要求进行复杂结构优化设计也具有现实的工程意义。

本书引入弹性薄板理论、中厚板理论和 Hoff 夹层板理论,在三维空间对二级层级褶皱结构的力学性能与失效模式进行了研究,并将研究成果与文献结果进行了对比;将二级层级褶皱结构作为芯层应用到夹层结构中,对二级层级褶皱夹层梁的弯曲失效行为进行了分析;基于弹性薄板理论对三点弯曲挠度进行了计算,给出了三点弯曲挠度计算公式修正系数,大大提高了理论公式的使用范围与精度。此外,本书从结构变形协调出发,对二级层级褶皱结构进行了二次正交各向异性等效,并就不同性能需求建立了优化模型,为设计者快速、准确地掌握二级层级褶皱结构基本力学性能提供了参考。

本书由南华大学资助出版。本书的研究内容是在国家自然科学基金重大研究计划“重大工程的动力灾变”重点项目(90815023)支持下完成的,感谢大连理工大学李刚教授的精心指导,感谢课题组各位成员的帮助和支持,本书的第 4 章、第 5 章和第 8 章部分内容由李兆凯整理提供。感谢南华大学土木工程系的领导以及建筑工程系全体同事的关心与支持。

由于本书的研究内容具有开创性,有些结论还有待进一步深入研究。另外,由于作者水平有限,书中难免有疏漏或不足之处,恳请各位读者批评指正。

作　者

2019 年 8 月

目　录

第1章 绪论

1.1 引言

早在20世纪60年代,未来学家 Dyson[1]就提到了空间层级结构,而直到20世纪90年代,才由 Lakes[2]对层级结构进行了定义并发表在著名科学杂志(*Nature*)上:层级结构就是在不同尺度上都有力学特性的结构。因此,结构或材料在 n 个尺度上有力学特性即可称为 n 级层级结构或材料。例如,$n=0$,则在物理特性分析时认为其是连续实心的。根据定义,我们可以发现许多自然的或人造的结构和材料都能在超过1个尺度上体现出这种特性,大到宇宙星云、山川走势,小到生物骨头结构、细胞胶原,在日常生活中,常见的蕨类植物的叶子(图1-1)、高分子聚合物、骨骼等生物材料等都含有层级分布。事实上,源自对自然界仿生设计思想的层级结构已经在一些大型的结构中得到了成功应用,如举世闻名的埃菲尔铁塔和加拉比高架桥。它们由一些巨大的构件组成,这些巨大的构件又由一些桁架(框架)组成,而绝大多数的桁架和框架则是由更细小的桁架(框架)组成,整个结构呈现了层级结构特征。与非层级结构相比,层级结构具有更加显著的刚度和强度重量比[2],更小的表观密度,同时具有足够的强度、刚度、稳定性以及可靠性,是一种优良的轻质结构。而且,由于其在不同层级上的结构特性,使得层级结构具有丰富的失效模式。

三明治夹芯结构的概念可以追溯到19世纪中期[3],但是广泛应用主要还是从第二次世界大战开始,当时主要应用于飞行器结构中,用以减小飞行器的质量。三明治结构的材料经历了早期的木头、现代工业中的金属和复合材料,相比传统的实心结构,三明治夹芯结构具有质量轻、强度高的特点,被广泛应用于船舶、航空航天和土木工程中。按照结构形式不同,三明治夹芯结构可以分为以下三类[4]:

(1)普通的三明治夹芯结构:包含上下面板和夹芯。

(2)开放式三明治夹芯结构:只有一个面板和夹芯。

(3)多层的三明治夹芯结构:包含多层夹芯。

图 1-1　珠穆朗玛峰 ETM❶ 图像(2002 年)、蕨类植物的叶子(选自网络图片)

对于夹芯的结构形式来说,目前研究较多的有泡沫夹芯、蜂窝夹芯、栅格桁架夹芯、手性夹芯、波纹夹芯等[5]。

(1)泡沫夹芯和蜂窝夹芯已经在工程中得到广泛应用,如波音 747 客机的机身、运载火箭的整流罩等。

(2)栅格桁架夹芯具有较好的导热性,常用于具备散热和承载双重功能的结构。

(3)多孔点阵和手性夹芯属于一种新兴的功能材料,具有较好的抗冲击性能,并且在隔热降噪、屏蔽辐射等方面应用前景广阔。

(4)波纹夹芯结构形式简单,承载能力强,在提高结构的抗压、抗剪性能方面表现突出,可以用作主承力结构,减小结构的质量。

近年来,随着越来越多的大跨度、大尺寸空间结构的出现,具有承载能力的轻质结构需求也引起了学者的重视,他们推出了各种桁架类夹芯形式,如 X 形、三棱锥形、四棱锥形、Kagomé、桁架夹芯等。其中,褶皱型夹芯的拓扑形式由于能提供更高的平面内拉伸强度,已经在夹芯梁中得到应用。因此,在提高夹芯核的抗压强度、延缓棱柱核肋板的弹性屈曲,以及在大尺寸夹芯结构中的应用方面,层级褶皱夹层结构被寄予期望[6]。

1.2　研究背景

由于层级结构的卓越性能,学者对层级结构展开了许多研究[1,2,7]。但对层

❶ ETM 为 Enhanced Thematic Mapper 的简称,意为遥感图像。

级结构性能方面的理论研究还不多，主要是从材料的有效连续角度进行研究。其中，Lakes[2]、Murphey[8]等假定材料在每一个尺度上都是连续的，得到了层级结构的强度和刚度递归表达式。Murphey对自相似四杆实体单元桁架柱组成的空间层级线性桁架结构的性能趋势进行了研究。近年来，Kooistra[6]等基于弹性梁理论对二级层级褶皱结构进行了研究，对其失效机理进行了探讨。但是试验表明，理论预测与真实情况仍有较大差距。因此，对二级层级褶皱夹层结构的构造特征及力学性能进行研究，具有理论价值。

尽管层级褶皱结构在大型工程结构中具有广阔的应用前景，但是由于结构相对比较复杂，相关理论研究还不够成熟，使得该类结构在应用推广方面受到限制。例如，层级结构具有丰富的失效模式、复杂的失效模式边界、众多的几何参数以及参数间有数量级的差别等特征，这些特征对结构力学性能的影响如何以及如何让多尺度结构特性得以有效利用、如何通过丰富的失效模式提升结构性能以及如何快速掌握复杂结构的基本力学性能，都将是设计中面临的难题。而在多尺度层级结构设计中，几何参数微幅的变化可能导致结构性能迥异。因此，依靠传统的工程结构设计方法（试算—验证—修改）将很难得到理想的设计方案。在工程应用中，对二级层级褶皱结构多方面的力学性能均有所要求，在工程设计中优化技术的作用越来越重要，由此得到的结构设计与依赖于工程经验相比显然更加合理，同时可以避免许多设计误区，在提高结构的力学性能方面具有较大的潜力。另外，随着社会进步和人们生活质量的提高，人们对于结构性能的要求从以往只注重结构安全，已经变成全面注重结构的使用、安全、经济等性能要求，并且在满足性能基础上还要寻求性能最优。因此，将优化思想引入复杂结构设计中来就显得很有必要；同时，针对性能要求进行复杂结构优化设计也具有现实的工程意义。

1.3 研究现状

未来学家Dyson[1]在一篇短文中最早提出空间层级结构，而后Lakes[2]在著名科学杂志（Nature）上对层级结构进行了定义。Dyson提出空间层级结构后，探讨了结构尺度效应，认为非常大的结构也可以做到质量很轻，随后他对层级桁架结构进行了分析，并给出了弹性屈曲应力。尽管如此，关于空间层级结构性能比较的研究还是很少，而从材料的有效连续角度进行研究相对较多。Lakes[2]和Murphey等[8]分别从不同角度研究了线性桁架结构的性能趋势，前者着眼于桁架空间的填充率，后者则着眼于自相似层级序列和荷载条件。但是上述研究多停留在层级结构概念上，具体如何构造复杂层级结构，使其能实际应用还相距甚远，直到 HS(Hashin-Shtrikman)[9] 界限的出现才为大家打开了一扇新的窗户。根据 HS 上限可以得到各向同性两相材料的最大刚度重量比，而许多为众人所知的两相复合材料体积模量和剪切模量也达到 HS 界限，其中就包含层级结构。之后，Norris[10] 和 Milton[11] 基于 HS 体积模量和剪切模量极值分别提出了不同的构造复杂复合结构的方案。Milton 采用了层压薄片的微观结构，而 Norris 使用了嵌套球体结构。尽管构建复杂复合结构的基本形式不同，但是他们给出的步骤都需要反复的迭代以及混合工序。此外，Francfort 和 Murat[12] 提出了层压薄片层级的概念，通过有限的分层方向可以使体积模量和剪切模量都达到 HS 界限。相比前面两种需要反复迭代的方式而言，层压薄片层级的概念更加简便而实用。在层压薄片层级结构制作的每一个步骤中，将已经制备的层压薄片构件在新的方向上又一次与一个单一的层压薄片进行层压，这样经过 n 次连续的层压过程就产生一个 n 层级薄片。他们在提出该方法之后，还证明了在二维尺度上 3 级各向同性的层级薄片有体积模量和剪切模量的极值，而在三维尺度上 6 级层级薄片有最优的微观结构。

在日常生活中，我们发现在相同质量情况下，中空管子的强度比实体杆件要高，同理，相同质量的管子组成的桁架强度比实体杆组成的桁架强度也要高。如图 1-2 所示，以埃菲尔铁塔这个著名的层级结构为例，其最低等级的建筑构件(0 级)是角钢或 L 型钢。由这些单元组成的桁架作为 1 级层级组成了柱子，这些桁架组成的柱子固结在一起组成了铁塔的腿，每个腿都具有二级层级。4 条腿固结在一起组成了拥有 3 级层级的塔。原本只是从制造的角度利用了层级思想，但是产生的结构有效密度之低却达到了一个空前的水平[2]。

Mulas 等[13-14] 将多层级的概念引入钢筋混凝土剪力墙的设计，用于振动台试验的模型中包含不同等级的构件，他选用中度尺寸纤维单元和微尺度的有限单元进行模拟，详细介绍了设计原理和试验方案，并做了试验验证。该模型是多尺度在钢筋混凝土建筑上的应用尝试，结果表明增加结构的复杂性可以减轻结构的重量，但是在所有的结构形式和荷载工况下，结构的复杂性或者层级结构如何使得结构轻质化并不明晰。而根据 Murphey 等[8] 对自相似层级和不同荷载条件线性桁架结构的性能趋势研究表明，典型的自相似四杆实体单元桁架柱组成的空间二级层级结构(图 1-3)可以满足结构的轻量化要求，该类型的桁架柱与相应的一级桁架柱相比，质量上有数量级的减轻，同时直径上有 2 ~4 倍的增大。一级和二级的比较结果表明，在质量下降 30% 的同时，二级层级的柱子的直径可以带来 9 倍的增加。对于长且负载小的柱来说，增加结构的层级数会带来更大的轻质化潜力,一级和二级自相似三角形桁架在有弯曲强度和刚度需求的优化结果也证明了这一点。研究表明,对于单一尺度微观结构而言,具有层级结构的材料能够提供更高的刚度重量比或强度重量比,不断增加结构的层级数可以减轻结构重量。事实上,拓扑优化作为现今先进的几何构型优化设计手段,在受集中荷载作用的水平梁算例上,也会给出格构和层级结构形式的解[15]。

图 1-2 埃菲尔铁塔以及其中的层级结构

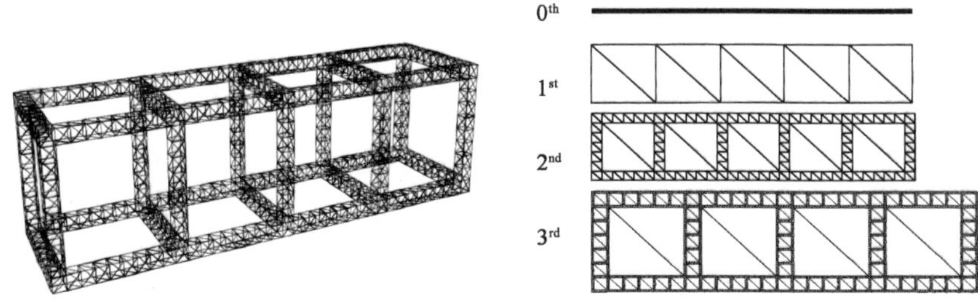

图 1-3 桁架层级结构示意图[8]

为验证上述结论,有一些学者针对层级结构做了一些试件,如 Bhat[16] 等制造了一个二级蜂窝夹芯板,其蜂窝肋板由蜂窝夹芯板组成。试验发现二级蜂窝夹芯板的抗压强度比同质量的一级蜂窝夹芯板要大 6 倍左右。Lakes[2] 也做了一个类似的六边形蜂窝层级试验，结果发现二级层级蜂窝的压缩强度是同质量一级蜂窝的 3 ~4 倍。通过试验研究验证了由自相似结构单元组成的多孔层级结构相比非层级结构在强度重量比上有显著改进，同时验证了层级数的增加能带来更加显著的结构性能。为了增强层级结构的实用性，Lakes 将高阻尼复合材料应用到层级结构中[17]，发现层级复合材料会引起复杂的泊松比，但是对刚度的影响极其微弱。为了便于理论分析，Lakes[2]、Murphey[8] 等针对层级多孔材料和类桁架结构提出了刚度和强度分析模型，他们假定材料在每一个尺度上都是连续的，并且得到了层级结构的强度和刚度递归表达式。此外，他们在分析中还假定在每一个长度尺度上的有效失效模式只有宏观弹性或塑性屈曲。由于层级结构的离散属性，高等级长度尺度上的短波失效模式通常可以忽略不计。尽管如此，在此基础上进行的性能优化结果预示高级数的层级结构还是会给强度带来实质性的提高。近年来，Kooistra[6] 等对二级层级三角形桁架褶皱结构进行了研究，他们假设垂直纸面方向厚度值很小，满足平面应力条件，然后将各杆件简化为二维梁，在此基础上对二级层级褶皱结构在压缩和剪切荷载作用下的失效机理进行了分析，在二维尺度给出了 6 种失效模式，并且构建了失效机理图，对不同几何参数下的力学性能进行比较，综合考虑压缩和剪切性能，认为芯板与面板之间的夹角为 45°时最佳。

随着超大型建筑结构的发展，满足强度和刚度基础上的超大跨度结构件，注定了它们必须具有轻质特性，这也为夹层结构的应用带来契机。棱柱形夹芯核的拓扑形式（如瓦楞或褶皱板核）作为能提供更高平面内拉伸强度的理想形式，在夹芯梁中已经得到广泛应用，提高棱柱夹芯核的抗压强度在延缓棱柱核肋板的弹性屈曲以及在大的夹芯结构中的应用方面，层级结构被寄予期望。而层级结构卓越的比强度、比刚度性能也注定它将有拥有更广阔的前景。

层级结构作为多孔介质材料，其边界也常常不连续。因此，为了解决该问题，通常可以附加面板，使之具备夹层板的结构形式。一般情况下夹层结构受力时，面板承受弯矩，芯层承受剪力。由于芯层的存在，使得夹层结构抗弯性能得到显著改善，常见的工字形梁可以认为是其典型的代表。而芯层的密度又相对较低，这让整个结构的重量大大降低，从而使其具有较高的比强度和比刚度，在航空航天、航海等领域得到了广泛应用。近年来，夹芯板在我国的生产及应用迅速增长，夹层板应用更是推广到各种建筑物以及围护结构中，如冷库、厂房、体育馆、候机室、办公室、商场、影剧院等的屋面板及墙板。

夹层结构由于不同的芯层材料可以有各式各样的构型，表现出不同的结构性能。根据其芯层是否为连续介质,可分为连续与非连续夹芯夹层结构两类。其中,非连续夹芯类多为全金属构件制成,以桁架、格构、波纹类芯层为代表,常见的芯层构型有三棱锥形、四棱锥形、Kagomé、Y 形(图 1-4)等。连续夹芯类主要以各种泡沫芯层和蜂窝结构为代表。

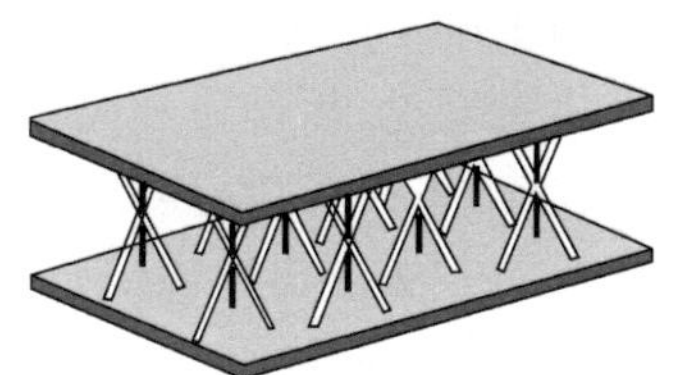
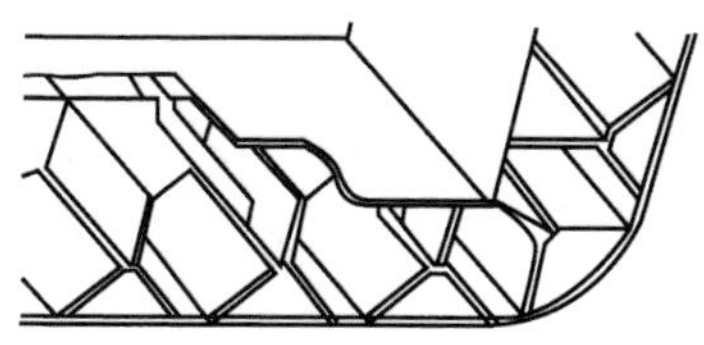

图 1-4 Kagomé 夹芯板[18]和 Y 形夹芯板[19]示意图

金属桁架、波纹夹芯层或管件在横向(垂直于夹层方向)压缩荷载下具有高效的吸能特性,该类夹芯层结构在面内两方向的强度特点与传统加筋板相似,既可以代替传统加筋板用于仅参与局部强度的局部板架(如上层建筑围壁、甲板、门等部位),也可以用于承受总纵弯曲荷载的强力构件(如舷侧外板、内外底板、强力甲板等构件)。

由于夹芯结构类型多样,而夹层结构的性能、失效模式等都依赖于面板材料性能、芯层材料性能、夹芯结构形式、荷载类型等,甚至不同的夹芯结构尺寸也会带来性能的千差万别。因此,探索影响夹层结构力学性能的相关因素以及影响机理引起了研究人员的广泛关注,他们对各式各样的夹层结构的分析理论与模型、失效模式、力学性能以及优化设计等方面进行了研究。例如,最早将夹层板与单层板区分开来的 Ressiner[20],他在经典薄板理论基础上考虑了夹芯的剪应变,给出了包括位移应变关系、本构关系、平衡方程、边界条件和初始条件等基本方程。由于方程比较繁复,为了便于求解,中国学者胡海昌将这些方程进行了简化[21],归并为求解两个函数的两个方程。Ressiner 理论对夹层板的力学因素做了较大简化(如忽略了表面板的抗弯刚度等),从而对某些问题会带来困难(如计算集中荷载的问题等)。因此,Hoff[22]在 Ressiner 理论基础上将表层的抗弯性能考虑进来,使得 Ressiner 理论不能解决的问题得到了解决,并且计算精度也得到了提高。Прусаков 和杜庆华[23]在 Ressiner 理论和 Hoff 理论的基础上进一步考虑了夹芯横向弹性变形的作用。

随着各种复杂的夹层结构的出现,学者针对夹层结构提出了许多分析理论,但是总体来说都是在前面三种夹层板理论基础上的改进。例如,Yu[24]在 Hoff 理论基础上,发展了一个适用于面板和夹芯拥有任意相对厚度和材料特性的新的弹性夹芯板理论。Mindlin[25]通过高阶缩减近似方法对 Reissner 夹层板方程的适用范围进行了考察。为了准确计算夹层板的力学响应,Whitney[26]考虑横向剪切变形的影响对经典层压板理论进行修正。Rao[27]和 Pagano[28]等通过三维弹性理论方法得到夹层板的精确分析。

有的学者在弹性领域沿着厚度方向引入一定的假设,从弹性力学角度出发,寻求解决问题的出路,并提出了各式各样的简化梁理论、板理论和壳理论[29-33]。有的学者通过对横向荷载作用下夹层梁微元的受力进行分析,建立了夹层梁的力平衡方程和各层之间的变形协调方程,用解析的方法求出了表层正应力和层间剪应力表达式[34]。Sokolinsky 等[35]基于包含横向弯曲影响、芯层剪切强度、面板和芯层厚度方向上的相互作用的高阶非线性公式,对含有横向弯曲夹芯夹层板的非线性行为进行了研究,给出了考虑边界条件和连续性条件的控制方程,并且概述了基于特性参数和弧长法连续技术的路径跟踪算法。此外,有许多学者对不同类型夹层结构引入相应的假设[36-38],从理论上对其进行求解,得出了一些适合某特定类型夹层结构分析的方法和模型,促进夹层结构分析理论的改进和扩展,给夹层结构的广泛应用提供了丰富的理论基础。许多学者利用其他的方法对一些特定类型夹层板问题求解给出了方法[39-41],推动了整个领域的拓展。

在进行结构强度研究时,通过压缩、剪切来研究夹层结构力学行为是许多学者常用的一种方法。由于桁架夹层板被认为是主要承受弯曲和压缩荷载的超轻结构候选形式[42-45],因此预测四棱锥拓扑桁架夹芯板在抵抗弯曲和压缩荷载时重量会比别的方案要低。Chiras 等[46]使用快速成型和熔模铸造的方法制造铍—铜合金面板的夹层板,测量面板的弯曲、剪切和压缩性能,同时考虑在节点的偏心和结构的鲁棒性情况下探讨其关键力学特性,验证了这种预测。而对两种不同材料(大幅应变硬化的铜合金和小幅硬化的铝合金)两种不同夹芯形式(Kagomé 和四角形桁架)夹层板的性能进行的压缩和剪切荷载作用下的数值模拟发现,Kagomé 夹芯比四角形夹芯拥有更好的抗塑性失稳性能[47]。此外,压缩、剪切和弯曲试验验证了芯层的各向同性性质,展示了基于四面体的桁架设计的优越性能[48]。对于 Y 形夹芯夹层梁,通过对面外压缩、纵向剪切和横向剪切工况下的响应进行试验,然后与有限元预测对比发现,其压缩响应取决于 Y 形夹芯构件的弯曲,并且由于在纵向剪切下,Y 形框架的支腿在塑性屈曲之前承受均匀的剪切作用,因此它的纵向剪切强度大大超过其抗压强度和横向剪切强度[49]。通过对几何形状、母体材料属性和边界条件对压缩响应的影响进行分析后,有的学者开发了含刚度、塑性破坏和 Y 形芯弹性屈曲强度的模型[50]。而通过中空金属桁架夹芯夹层梁的架构特性的研究发现[51]，对于以弯曲为主导的夹层梁在荷载作用时，因为夹芯的高剪切强度而在横向具有优越性；在以拉伸为主导荷载的结构中，固支大变形弯曲导致夹芯的纵向更具有优越性。Cote[52]以波纹和格构材料与不锈钢面板组成的夹层板为研究对象，研究了面外压缩、横向剪切和纵向剪切响应在相对密度0.03～0.1内分3个等级进行测量，并与有限元预测进行对比，发现压缩强度在纵横比小于4时很敏感，而且在压缩和横向剪切荷载作用下，波纹和格构夹芯的强度比棱柱形和四方蜂窝夹芯弱。

在掌握夹层结构强度和刚度等力学性能的基础上，有关学者对结构的失效机理和失效模式展开了研究。Fleck等[53]对由PVC聚合物泡沫夹芯组成的夹层柱进行了沿边施加压缩荷载试验。结果表明，这种纵向加载方式下的失效主要依赖于材料和试件的几何尺寸，失效模式主要是欧拉失稳、剪切欧拉失稳或面板欧拉失稳。Chen等[54]对铝合金泡沫夹芯夹层梁的塑性失效模式进行了探讨，根据面板尺寸和材料特性的不同，认为塑性失效包含3个失效模式，即面板屈服、凹陷和芯层剪切，并且基于严格的弹塑性梁计算的上限值和精细的有限元计算，对失效荷载进行了预测，发现剪切强度随着胞元尺寸夹芯厚度的减小而增大。通过对Alporas泡沫夹芯夹层梁塑性失效模式进行理论分析和试验研究发现，固支边界条件在初始屈服机制后会引发轴向拉伸[55]。此外，Cote[56]对金字塔桁架夹芯柱面内压缩响应进行了试验和分析，得到了包括欧拉失稳、剪切失稳和面板皱曲在内的失效模式。Styles等[57]以芯层厚度对泡沫铝夹芯架构弯曲行为的影响为目标，进行试验研究，在每个中厚度样本特定的失效区域都观察到了高度应力集中，而薄的样品则观察到了面板皱曲和开裂。由于芯层受压也会有夹芯开裂出现，增加面板的厚度可以减小夹芯凹陷破坏的出现。通过对两种夹芯材料D-100软木和H250 PVC泡沫夹层梁进行了弯曲荷载真空加力的树脂传递模塑静力和疲劳分析，Dai等[58]探讨了芯层材料对三点弯曲和四点弯曲下的静力失效的影响，通过梁理论计算了面板和芯层在失效时的应力，并通过它们强度值的比较发掘了潜在的失效机理。Petras等[59]以蜂窝力学和传统梁理论构建了理论分析模型，构建了Nomex蜂窝夹层梁三点弯曲荷载作用下的失效模式图，该图表明，失效模式和承载能力取决于表面厚度与跨度的比值和蜂窝的相对密度。通过研究由泡沫铝夹芯和金属面板组成的夹层梁四点弯曲作用的变形和损伤机理，Sha[60]将其芯层内部的塑性失效模式分为凹陷和夹芯剪切失效两种，给出了两种失效模式的评判准则，以及对应失效模式极限荷载的表达式，发现即使表面板发生凹陷，芯层凹陷失效模式只在发生凹陷的小片区域，其他区域仍然发生剪切失效。Belingardi等[61]分别对无初始缺陷和有界面脱离缺陷的蜂窝夹层梁试样进行了四点弯曲测试,发现了两种不同的失效机理:无初始缺陷的样本失效是由压缩面的失效引起的,而有缺陷的样本失效是由脱离层上部的蜂窝壁失效而引起的。Mohan 等[62]通过对不同几何尺寸的铝面板和泡沫铝夹芯夹层梁试件进行四点弯曲测试,鉴别了各失效模式,如芯层凹陷、面板开裂和夹芯剪切,根据给定面板与芯层强度比值的无量纲几何参数计算结果构建了失效机理图。Steeves 等[63]通过三点弯曲分析,系统地给出了不同材料组成的夹层梁相对性能比较方法,识别出了有效失效模式,构建了失效图,并以一定的抗弯能力为约束,对三点弯曲夹层梁进行了轻量化设计。此外,他还对简支复合面板和 PVC 泡沫夹芯夹层梁在三点弯曲下的失效机理进行了研究[64-65],分别对面板和夹芯的力学性能进行了测试,发现其力学性能主要依赖于梁的几何尺寸和相对性能条件。而夹芯剪切失效、面板失稳和局部凹陷失效则是其失效形式,他通过构建失效机理图阐述了不同几何条件下的有效失效模式优势,并给出了分析模型和轻量化优化设计方案。上述研究表明,目前连续夹芯夹层板失效模式主要包括芯层剪切失效、塑性屈服、面板局部屈曲、面板凹陷以及面板与芯层脱离 5 种,后两种失效模式是由集中荷载局部效应和加工质量引起的,通过有效手段可以避免。

对于复杂板壳结构,其结构性能与结构组成息息相关,例如,不同的加筋形式、复合材料的铺层角度、组成材料的属性、芯层的结构构型等。即使由各向同性金属材料经过不同结构构型组合,也可以具有各向异性特性,而不同的结构构型更会带来千差万别的结构性能。此外,复杂板壳结构通常涉及较多结构参数,甚至参数量级差别很大,导致在分析设计中参数选取困难、计算量大。因此,复杂板壳结构力学性能表征通过等效方法进行表达,能大大简化层级结构的分析设计工作。事实上,对于复杂板壳结构,由于不同的构造形式,其弹性常数已与母体材料的弹性常数迥异。许多学者为获得复杂板壳结构的弹性常数,采用了各种等效的方法进行推导[66-70],如对于褶皱夹芯板的弹性等效,从 20 世纪 50 年代开始就不断有学者对其进行了相关研究。其中,Libove 等[71]给出了各向异性褶皱夹芯夹层板的刚度表达式,表达式与夹芯各自轴向的等效弹性模量和剪切模量息息相关。王红霞[72]等在文献[71]基础上推导了三角形夹芯板夹芯层的等效各向异性弹性常数,王青伟等[73]对文献[72]中公式进行了修正,并对三角形桁架夹芯板进行了参数优化设计。Kazemahvazi 等[74-75]针对层级褶皱夹芯压缩和剪切相应提出了分析模型,该刚度模型考虑了芯层构件的弯曲刚度贡献和轴向拉压变形外附加的剪切变形,强度模型则是在剪切或压缩荷载条件下的名义正应力和名义剪应力,并且将该模型的计算结果分别与有限元计算结果和试验结果进行了对比。Loc 等[76]对桁架夹芯夹层板弹性常数进行了研究,在对夹芯进行了二维各向同性等效基础上推导了三维夹层板等效刚度、扭转刚度以及横向剪切刚度,并讨论相对弱的剪切刚度对性能的影响。于俊等[77]通过面层内的应力线性分布假设提出了计算夹层板的抗弯刚度公式的方法,得到了一些有益的结论。Markaki 等[78]对不锈钢纤维 3 种不同组合形式组成的夹层板的力学行为进行了探讨,测得了其刚度以及厚度方向的弹性模量。Marasco 等[79]针对 X 形和 K 形夹芯夹层板进行了完整的试验,测得了其面外扭转、剪切和压缩性能,并与同样复合面板蜂窝夹芯夹层板进行了比较,发现 Z 形夹芯与传统的夹芯相比具有更高的刚度和更低的强度。Hohe 等[80]考虑了面板对夹芯的约束作用,研究了二维胞元夹芯的有效弹性张量。他将胞元结构分解为单个胞元墙单元,且假定应变能可以由每个胞元墙的位移场获得,则应变能将可以计算出来。

由于结构特点使得夹芯板与弹性板不一样,由各向同性弹性板构建不同的结构形式也使得夹层板具有各向异性特性。因此,对于非均匀芯层夹芯构件性能分析来说,如何获得各向异性材料的弹性常数尤为重要,而对于非均匀介质的均匀化等效则是解决该类问题的通用方法。对于周期性夹芯,基于渐进展开方法的均匀化理论应用最为广泛。Buannic 等[81]从基本胞元展开到三维周期性板推导了等效 Hoff 均匀板。Lok 等[82]将三维夹层板理想化地看成等效二维正交连续板,给出了桁架夹芯夹层板的弹性性能,如等效弯曲刚度、扭转刚度和剪切刚度 。他在给出这些弹性刚度封闭解的基础上,还对其响应进行了计算。赵群等[83]基于等效刚度的思想,提出了一种适用于不同截面形状和布局形式的加筋板总体稳定分析的等效层合板建模方式。周廷美等[69]针对瓦楞芯层的变形特点,给出了一种考虑芯层弯曲刚度的夹层板模型。采用多步均匀化的方法,将夹层板等效为正交各向异性的均值板,最后基于变形协调计算了夹层结构的等效弹性模量。石勇等[84]基于 Hoff 夹层板理论,推导了夹层板广义的应力-应变关系式,得到了等效板的弹性常数,建立了考虑表层抗弯刚度的夹层板静力学等效模型。周加喜等[85]从应变能等效出发,将具有周期性分布的夹层板的类桁架夹芯与各向异性连续材料等效,给出了相应的宏观等效弹性常数。李友旺等[86]则从材料力学的角度导出了夹层梁的纵向模量和弯曲正应力表达式。

结构优化的思想由来已久,人们在设计结构时力求做到合理的布局和受力,在保证安全的同时追求经济,达到一种资源合理的优化配置。例如,1400 多年前建造的赵州桥,桥的大拱上还设有几个小拱,不但减轻了桥身重量,而且增加其泄洪能力,同时在其美观上也有改进。但是直到现代意义上的结构优化理论提出之前,这样的优化仅依赖于设计人员的经验及其天马行空的构想,尚未形成理性而系统的体系。自19世纪中叶结构分析理论出现以及20世纪中叶电子计算机被用于结构分析,现代意义上的结构优化设计理论才逐渐被人们所接受,到现在已经成为传统结构设计的一个有力辅助。夹层结构虽然性能优越,但是芯层参数相对较多。而其性能与芯层息息相关,为了得到更加卓越的性能,学者采用各种方法对夹层板进行了优化设计。例如,Liu 等[87]基于均匀化思想提供了桁架夹芯的本构模型,在此基础上进行了各种特定失效模式约束下的结构轻量化优化设计。周加喜[88]等以减轻重量为目标,以不出现各种失效模式为约束条件,应用序列二次规划法对受压夹层板的尺寸和金属泡沫的相对密度进行了优化设计。

对金属泡沫夹层结构的轻量化设计,其金属泡沫夹芯的轻量化是关键。与以往大家对夹芯力学性能研究都聚焦于芯层的相对密度不同,Simone 等[89]侧重于满足强度和刚度条件下的金属泡沫材料分布进行了研究。Tian 等[90]对压缩荷载作用下的波纹板进行了同步失效优化设计和基于连续二次规划方法的优化设计,考察了8种不同的结构形式。从重量角度来看,发现在给定边界条件下帽型加强板效率最高,比方形夹芯夹层板同样负载情况下轻约40%。Valdevit 等[91]对多功能波纹褶皱夹层板进行了分析和研究,并与桁架夹芯和蜂窝夹芯夹层板的力学行为进行了对比,对屈曲时芯层与面板之间的相互作用进行了推导并构建了失效机理;对优化规模和最小质量进行了评估,对指定负载方向上的优化设计表明钻石形棱柱夹芯的重量效率略高于桁架夹芯,并且推断:在同时承受弯曲和主动冷却时,钻石形棱柱拓扑构型设计有最佳的重量效率。Thamburaj 等[92]为了在各向异性夹层梁获得较好的隔音效果,以最大的声音传输损耗为目标,以材料和尺寸作为优化变量进行了优化设计。Wicks 等[93]对桁架夹芯和桁架板或实心板组成的夹层板进行了弯曲和横向剪切荷载作用下最小质量的优化设计。Wadley 等[94]对周期性开口夹芯夹层结构的制造和结构特性进行了研究,认为拓扑优化能够控制桁架长度尺度上的失效机理,从而带来更加优越的结构性能。分析、测试和优化手段可以使得芯层在承受荷载的同时获得比随机泡沫更低的密度,并且在低密度时,由于其优越的抗屈曲性能,编织夹芯的强度峰值要高于蜂窝夹芯。Evans 等[95]则给出了周期性多功能金属泡沫夹芯的拓扑设计,比较了周期性胞元作为夹芯的板、管和壳的性能。

1.4 主要内容

层级结构较其他结构形式具有更高的比强度、比刚度等优点。近年来,随着许多抗动力大尺度、超轻结构等方面的研究成果问世,重新引起了大家在多孔夹芯结构方面的兴趣。尽管学者们对层级结构做了许多研究,但是总体而言,目前的理论研究成果与实际应用仍有较大差距,对层级结构的力学性能、失效机理研究、模型简化及设计方面都还不足。因此,本书采用理论分析与数值仿真技术相结合的手段,引入弹性薄板理论和 Hoff 夹层板理论对二级层级褶皱结构的力学性能与失效模式进行了研究,并将二级层级褶皱结构作为芯层应用到夹层结构当中,对二级层级褶皱夹层梁的弯曲失效及三点弯曲挠度进行了计算。此外,为了便于设计者快速掌握这种复杂结构性能,本书从结构变形协调出发,对二级层级褶皱结构进行了二次正交各向异性等效,并就不同性能需求建立了优化模型。本书主要研究内容包括:

(1)基于弹性薄板理论对二级层级三角形褶皱结构的失效机理进行研究,对失效模式进行分类描述,并构造了失效机理图。文献[6]将该类结构视为平面问题,并基于弹性梁理论对该类结构进行了失效模式分析,但是理论结果与试验数据相差较大,故本书通过对褶皱结构及二级层级褶皱结构进行受力分析,给出了结构件内力与外荷载的关系、结构强度模型和强度衡量指标——名义应力;在结构受力分析基础上,考虑宏观弹性屈曲和屈服为结构有效失效模式,忽略短波失效影响,对结构进行了极限荷载求解;引入弹性薄板理论和夹层板理论,在三维尺度上对二级层级结构进行了横向压缩和剪切荷载作用下的破坏模式分析,不仅给出了文献[6]中所给的 6 种失效模式以外的 5 种失效模式,还给出了与之相应的结构失效强度的表达式,在此基础上构造了失效机理图;讨论了不同参数影响下的失效机理变化。将本书基于三维板模型方法的计算结果与文献[6]中基于二维梁模型的方法和有限元结果进行比较,验证了本书的方法、公式的正确性与精度。

(2)基于 Mindlin 理论,建立了中厚板模型分析压缩荷载或剪切荷载作用下的二级层级褶皱结构单胞的失效行为。根据失效部位的不同,分别推导了大支撑和小支撑失效时的通用名义应力公式;考察 6 种具体的失效模式类型,推导了基于中厚板模型的名义应力公式。考虑到文献[6]中的梁模型和薄板模型的理论公式在大支撑与小支撑倾角相差较大时存在误差,对两种模型的名义应力公式进行了推广。构建了 6 种模型,分别对应 6 种失效模式,分别采用中厚板模型的名义应力公式和有限元软件 ABAQUS 计算名义应力值,考察中厚板模型的精度。考虑构件厚度不同,构建了两组模型,分别采用薄板模型和中厚板模型求解各模型失效时的名义应力值,并以有限元结果作为基准,考察厚度对两种模型精度的影响。

(3)对二级层级褶皱夹芯梁在三点弯曲、均布荷载以及集中力荷载等独立工况下的失效行为进行分析,并结合失效模式对梁的承载能力进行了分析。将二级层级褶皱夹芯梁所有可能发生的失效模式类型划分为8类:面板塑性屈服、面板弹性褶皱、大支撑塑性屈服、大支撑剪切屈曲、大支撑弹性屈曲、大支撑弹性褶皱、小支撑塑性屈服和小支撑弹性屈曲。基于中厚板模型和薄板模型,分别推导出了3种工况下8种模式对应的极限荷载表达式。

(4)二级层级褶皱结构为夹芯的夹层梁弯曲失效模式分析及三点弯曲挠度理论计算:先对夹层梁的弯曲行为进行分析,得到其弯曲失效模式,构建了弯曲失效机理图,并对其弯曲变形进行了计算。由于其夹芯多孔的特性,夹层梁面板与芯层在应力分布和位移分布上不连续,与经典的考虑横向剪切变形的夹层板挠曲公式中芯层连续条件假设不符。因此,本书根据其结构特性,引入芯层剪切变形对夹层梁挠度贡献的折减因子 K 对夹层梁弯曲挠度进行修正,修正公式大大提高了三点弯曲挠度计算精度,并通过与有限元分析结果的比较证明了这一点。

(5)二级层级褶皱夹层结构正交各向异性弹性常数等效:二级层级褶皱结构丰富的失效模式与其结构性能息息相关,而二级层级褶皱结构几何参数众多,且参数间有数量级的跨度。如何快速得到复杂结构的力学性能对设计人员来说是一个难题。本书从结构变形协调出发,对二级层级褶皱结构进行了二次正交各向异性等效。首先,对一级层级结构进行了正交各向异性弹性等效,由于一级层级结构在二级层级结构中充当桁架柱,其等效的弹性主轴与二级层级结构的坐标轴不一致,所以对一次等效后的各向异性弹性常数进行坐标轴转换,使之与二级层级主轴结构坐标轴相符。其次,对二级层级褶皱结构进行二次的各向异性弹性常数等效。最后,通过与有限元结果对比发现,等效弹性常数与有限元结果吻合较好。

(6)基于性能需求的结构优化设计:考虑到二级层级褶皱结构几何参数众多,为得到一个理想性能的设计方案,基于二级层级褶皱结构丰富的失效模式,分别以材料最省、性能最优为优化目标给出了6个优化模型,为设计者基于性能需求进行设计提供了思路;利用板模型的名义应力公式,对二级层级褶皱结构单胞进行失效模式约束下的多目标优化设计。利用名义应力公式控制发生的失效模式类型、有限元软件求解结构的挠度,建立了两种优化模型:一是满足特定失效模式(大支撑弹性褶皱)优先发生;二是满足特定失效模式等级序列发生。以大支撑面板的厚度和角度,小支撑面板的长度、厚度、数目和角度为设计变量,采用第二代非劣排序遗传算法(NSGA-Ⅱ)以最小重量和最小挠度为多目标进行优化。优化完成后，选取典型设计点，建立有限元模型，验证设计点发生的失效模式是否满足约束条件。

1.5 解决的主要问题

本书针对二级层级褶皱结构的失效模式、等效弹性常数、二级层级褶皱夹层梁三点弯曲挠度计算以及基于性能的优化设计方面展开了系统的研究，主要解决了以下问题：

(1)建立了二级层级褶皱结构失效模式和承载力预测的板模型，显著提高了理论模型预测精度，得到了更加丰富的失效模式，并构建了失效机理图，充实了二级层级褶皱结构失效模式库。将该理论预测模型应用到二级层级褶皱夹层梁弯曲失效模式分析中，将传统的连续介质芯层剪切失效替换为6种失效模式，提出了二级层级褶皱夹层梁三点弯曲挠度计算公式修正的修正系数，将芯层剪切变形对夹层梁弯曲挠度贡献进行了修正，使得挠度计算公式精度大大提高。

(2)提出二级层级褶皱夹层结构弹性常数的二级等效方法，得到了二级正交各向异性等效弹性常数。首先，通过一级等效将一级层级褶皱夹层结构等效为正交各向异性均质板；其次，应用坐标系转换的方法，获得等效正交各向异性均质板在二级层级褶皱夹层结构坐标系中的本构关系；再次，进行二级等效，获得二级层级褶皱夹层结构的正交各向异性等效弹性常数；最后，通过与数值试验结果对比，验证了等效公式的正确性和精度，并讨论了几何参数对等效公式精度的影响，可以为设计者快速掌握其基本力学性能提供参考。

(3)考虑二级层级褶皱结构丰富的失效模式和特点，提出优化设计结构失效模式序列的思想，构建了结构轻量化设计和性能优化设计模型。将失效模式、等效弹性常数和结构性能指标有机结合在一起，构建了基于特定失效模式序列的结构轻量化设计、基于给定材料的结构强度优化设计，以及基于失效模式的结构应变能最大化设计等模型。算例表明，优化后的方案各项性能指标得到了极大改善，为设计者获得理想性能的设计方案提供参考和思路。

第2章 基于弹性梁模型的失效模式分析

2.1 引言

二级层级褶皱结构是一种多孔层级夹芯结构(图2-1)。研究表明,拥有多孔夹芯的夹层结构在比强度和比刚度性能上较实体结构有显著的优势。由泡沫或金属材料作为芯层材料的结构已经广泛应用于多种设计方案中,其结构形式多样,包括泡沫铝[89,96]、类桁架[95]、蜂窝[52]和棱柱[97]等。

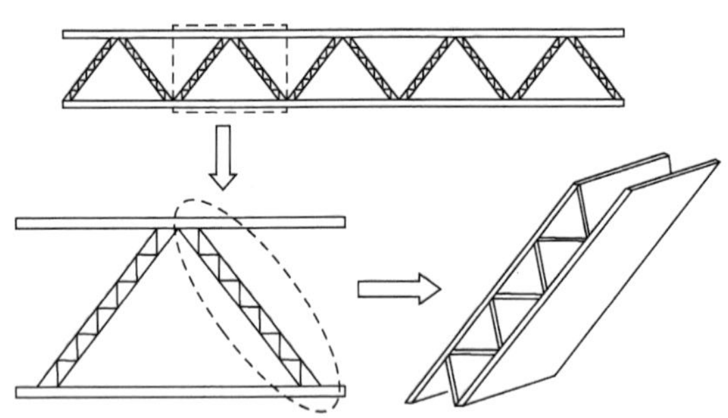

图2-1 二级层级褶皱结构是一种多孔层级夹芯结构

近年来,随着大尺度、超轻结构方面的研究,层级多孔夹芯结构再次引起了众多学者的兴趣。他们给出了适用于褶皱结构、点阵结构以及桁架结构夹芯刚度和强度预测的分析模型[6,98-99],并已经证明它们也适合于低相对密度金属夹芯层。Lakes[2]和Murphey等[8]基于连续化假设对蜂窝多孔结构和类桁架结构进行了分析,并给出了层级结构的刚度和强度的递归表达式。在连续化假设下,忽略短波失效模式,认为只有宏观的弹性屈曲和塑性屈服才是有效的失效模式。上述分析模型假设夹芯材料与面板铰接,因此,夹芯构件本身的弯曲和剪切应变能力对整个夹层结构刚度的作用被忽略。Kooistra[6]等假定层级结构垂直纸面厚度足够小,满足平面应力条件,基于经典弹性梁理论将二级层级褶皱结构进行了简化,在二维尺度上对其失效机理进行了研究。

2.2 二级层级褶皱结构的受力分析

假定二级层级褶皱结构各组成构件由同一种金属材料制成,其弹性模量、剪切模量和泊松比分别为 E、G 和 ν。如图 2-2 所示,一级层级褶皱结构可视为三角形桁架,由厚度为 t_1、长度为 l_1 的基本构件组成,基本构件与面板水平方向夹角为 θ_1,与厚度为 t 上下面板组成一级层级褶皱夹层结构。为了描述方便,在下文中将夹芯基本构件称为小支撑,一级层级褶皱夹层结构称为大支撑。二级层级褶皱结构可以视作由大支撑作为基本构件的三角形桁架,基本构件长度为 l,与面板水平方向夹角为 θ。与厚度为 t_f 的外表面板组成二级层级褶皱夹层构件。就芯层结构而言,其上下面板可视为刚性板。二级层级褶皱结构垂直纸面厚度为 b,芯层构件与面板之间固结。

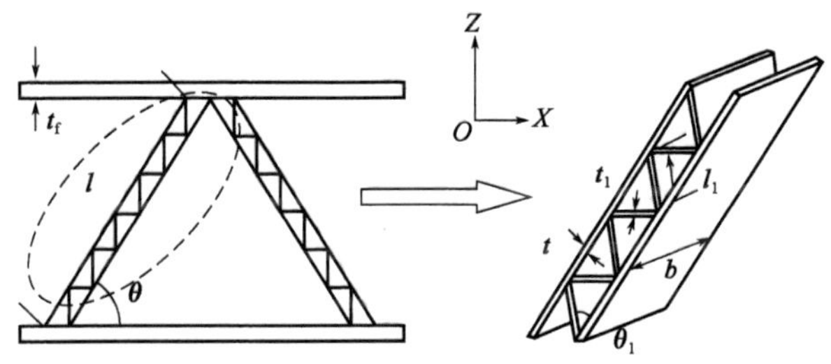

图 2-2 二级层级褶皱结构单胞及一级层级结构(大支撑)

如图 2-3 所示,上下面板之间距离为 h_c,在外部荷载 F_x 和 F_z 作用于结构刚性面板上时,通过结构受力分析与几何分析可以得到以下关系:

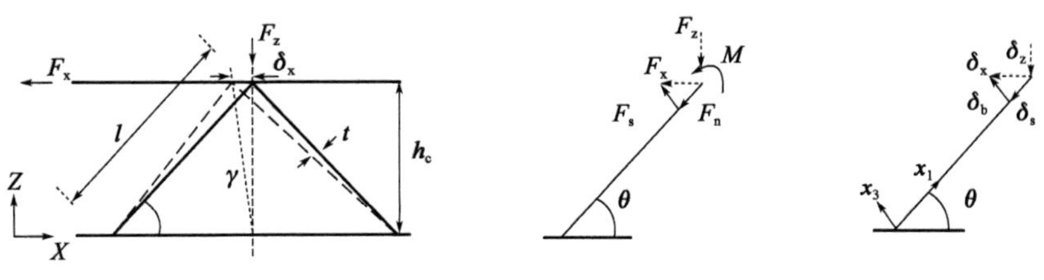

图 2-3 结构单胞受力及夹芯构件受力、变形示意图

$$2F_s = F_z\sin\theta - F_x\cos\theta \tag{2-1}$$

$$2F_n = F_z\sin\theta + F_x\cos\theta \tag{2-2}$$

$$\frac{F_x}{2} = F_n\cos\theta + F_s\sin\theta \tag{2-3}$$

$$\frac{F_z}{2} = F_n\sin\theta - F_s\cos\theta \tag{2-4}$$

$$\delta_x = \delta_s\cos\theta + \delta_b\sin\theta \tag{2-5}$$

$$\delta_z = \delta_s\sin\theta - \delta_b\cos\theta \tag{2-6}$$

$$\delta_b = \delta_x\sin\theta - \delta_z\cos\theta \tag{2-7}$$

$$\delta_s = \delta_x\cos\theta + \delta_z\sin\theta \tag{2-8}$$

上述式中：F_x——沿 X 轴向的外部荷载；

F_z——沿 Z 轴向的外部荷载；

δ_x——沿 X 轴向的变形；

δ_z——沿 Z 轴向的变形；

F_s——夹芯构件在外部荷载下的轴向拉伸（压缩）分量；

F_n——夹芯构件在外部荷载下的剪切分量；

δ_s——夹芯构件轴向变形；

δ_b——夹芯构件剪切变形。

当只有 F_x 作用时，$\delta_z=0$，$\delta_x\neq0$，夹芯构件轴力与变形关系如下：

$$F_n = EA\frac{\delta_s}{l} = \frac{F_x}{2\cos\theta} \tag{2-9}$$

$$\delta_s = \frac{F_n l}{EA} \tag{2-10}$$

式中：EA——夹芯板截面抗拉刚度。

由结构几何关系有：

$$\delta_x = \frac{\delta_s}{\cos\theta} \tag{2-11}$$

当只有 F_z 作用时，即承受 Z 轴向压缩荷载时，$\delta_x=0$，$\delta_z\neq0$，夹芯构件轴力与变形关系为：

$$F_n = EA\frac{\delta_s}{l} = \frac{F_z}{2\sin\theta} \tag{2-12}$$

同样有

$$\delta_z = \frac{\delta_s}{\sin\theta} \tag{2-13}$$

当单胞结构为二级层级褶皱结构时,夹芯构件为一级层级结构,如图 2-4 所示,此时式(2-1) ~ 式(2-13)仍然成立。取垂直纸面厚度为 b,此时支撑结构抗拉刚度 EA 和弯曲刚度 D 为:

$$EA = 2Ebt \tag{2-14}$$

$$D = \frac{E_f btd^2}{2} + \frac{E_f bt^3}{6} + \frac{E_c bh^3}{12} \tag{2-15}$$

$$d = l_1 \sin\theta_1 + t$$

式中:E——母体材料的弹性模量;

E_f——大支撑表面板材料的弹性模量;

E_c——芯层的等效弹性模量。

通常 E_c 与 E 和 E_f 相比有数量级的差距,可忽略不计。

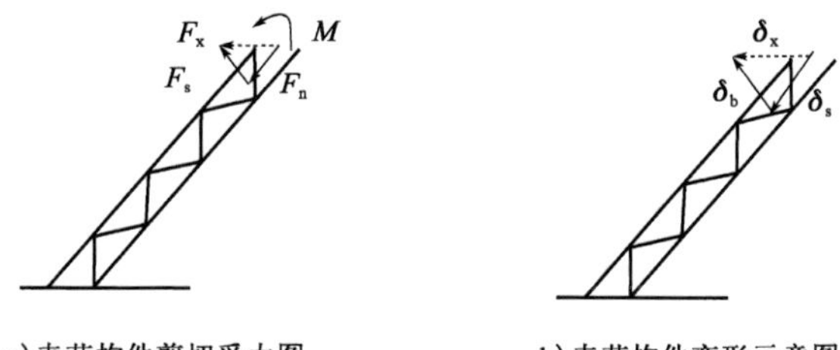

图 2-4 二级层级褶皱夹芯构件剪切受力与变形示意图

以 F_x 单独作用为例,结构在 x_1 向变形可以由式(2-9)和式(2-10)得到,x_3 方向变形为切向力 F_s 和弯矩 M 共同作用下引起的,因此

$$\delta_b = \frac{F_s l^3}{3EI} + \frac{Ml^2}{2EI} \tag{2-16}$$

由 δ_b 和 δ_s 几何关系可以得到轴向力 F_n 和切向力 F_s 之间的关系:

$$\frac{F_n}{F_s} = \left(\frac{l}{l_1}\right)^2 \frac{\cot\theta}{3\sin^2\theta_1} \tag{2-17}$$

2.3 基于弹性梁模型的失效模式分析

基于弹性梁理论,假定结构只发生弹性屈曲和弹性屈服失效,则可以得到 6 种独立的失效模式,依次考虑这些失效模式,推导出各种失效模式对应的有效横向压缩解析表达式 σ_p和剪切强度 τ_p的解析表达式。

1)大支撑塑性屈服

大支撑面板厚度为 t,在压缩或剪切荷载作用下,面板将会发生塑性屈服失效，即当大支撑表面板应力达到材料屈曲应力时（$\sigma_{f}=\sigma_{Y}$），假定所有构件之间铰接，这种失效模式下的压缩强度和剪切强度预估上边界表达式为：

$$\sigma_{nom}=2\sigma_{Y}\frac{t}{l}\frac{\sin\theta}{\cos\theta} \tag{2-18}$$

$$\tau_{nom}=2\sigma_{Y}\frac{t}{l} \tag{2-19}$$

2）大支撑剪切屈曲

在外部荷载作用下，由于大支撑结构的剪切刚度不够，导致结构发生失效[100]，此时作用在大支撑上的轴力为：

$$P_{s}=(AG)_{eq}=\frac{Ebl_{1}}{2}\frac{t_{1}}{l_{1}}\sin2\theta_{1}\sin\theta_{1} \tag{2-20}$$

当外部荷载分别为压缩荷载和剪切荷载时，可以分别得到结构单胞的名义正应力和名义切应力，即：

$$\sigma_{nom}=\frac{t_{1}}{l}E\sin^{2}\theta_{1}\cos\theta_{1}\tan\theta \tag{2-21}$$

$$\tau_{nom}=\frac{t_{1}}{l}E\sin^{2}\theta_{1}\cos\theta_{1} \tag{2-22}$$

3）大支撑弹性屈曲

大支撑整体可以视作一个欧拉柱，在压缩荷载作用下会发生整体失稳，其面积二阶矩为：

$$I=2t\left(\frac{l_{1}\sin\theta_{1}}{2}\right)^{2} \tag{2-23}$$

这种失效模式下的压缩强度和剪切强度预估上边界表达式为：

$$\sigma_{nom}=2E\pi^{2}\frac{t}{l}\left(\frac{l_{1}}{l}\right)^{2}\sin^{2}\theta_{1}\tan\theta \tag{2-24}$$

$$\tau_{nom}=2E\pi^{2}\frac{t}{l}\left(\frac{l_{1}}{l}\right)^{2}\sin^{2}\theta_{1} \tag{2-25}$$

4）大支撑弹性褶皱

当两个小支撑之间的大支撑面板局部达到失稳时，认为结构发生失效，此时$\sigma_{f}=\sigma_{cr}$。因此，在压缩荷载和剪切荷载分别作用下结构单胞的名义正应力和名义切应力为：

$$\sigma_{nom}=\frac{E\pi^{2}}{24}\left(\frac{t}{l}\right)^{3}\left(\frac{l}{l_{1}}\right)^{2}\frac{\tan\theta}{\cos^{2}\theta_{1}} \tag{2-26}$$

$$\tau_{\text{nom}}=\frac{E\pi^2}{24}\left(\frac{t}{l}\right)^3\left(\frac{l}{l_1}\right)^2\frac{1}{\cos^2\theta_1} \tag{2-27}$$

5)小支撑塑性屈服

大支撑构件与刚性面板固结,在外部荷载作用下,构件将产生剪切力,随着剪力的发展,当夹芯柱中小支撑构件应力达到材料屈服应力时,结构发生破坏。因此,当外部荷载分别为压缩荷载和剪切荷载时,根据弹性梁理论,夹芯柱中轴力 F_a 和剪切力 F_s 的关系为:

$$\frac{F_a}{F_s}=\frac{2}{3}\left(\frac{l}{l_1}\right)^2\frac{1}{\sin 2\theta} \tag{2-28}$$

小支撑塑性屈服意味着剪切力的上限为:

$$F_s|_{\max}=2b\sigma_Y t_1\cos\omega_1 \tag{2-29}$$

通过静力分析可以分别得到结构单胞的名义正应力和名义切应力,即:

$$\sigma_{\text{nom}}=2\sigma_Y\left(\frac{t_1}{l}\right)\frac{\sin\theta_1}{\cos\theta}\left[\frac{1}{3\cos\theta}\left(\frac{l}{l_1}\right)^2+\cos\theta\right] \tag{2-30}$$

$$\tau_{\text{nom}}=2\sigma_Y\left(\frac{t_1}{l}\right)\frac{\sin\theta_1}{\cos\theta}\left[\frac{\cos^2\theta}{3\sin^3\theta}\left(\frac{l}{l_1}\right)^2+\sin\theta\right] \tag{2-31}$$

6)小支撑弹性屈曲

在外部荷载作用下,当小支撑构件所受轴力达到屈曲临界荷载时,认为结构发生破坏,小支撑弹性屈曲意味着剪切力的上限为:

$$F_s|_{\max}=\frac{2}{3}bE_s\pi^2\left(\frac{t_1}{l_1}\right)^2 t_1 \tag{2-32}$$

由此得到结构单胞的名义正应力和名义切应力,即:

$$\sigma_{\text{nom}}=\frac{2\pi^2}{3\varepsilon_Y}\left(\frac{t_1}{l}\right)^3\left(\frac{l}{l_1}\right)^2\frac{\sin\theta_1}{\cos\theta}\left[\cos\theta+\frac{1}{3\cos\theta}\left(\frac{l}{l_1}\right)^2\right] \tag{2-33}$$

$$\tau_{\text{nom}}=\frac{2\pi^2}{3\varepsilon_Y}\left(\frac{t_1}{l}\right)^3\left(\frac{l}{l_1}\right)^2\frac{\sin\theta_1}{\cos\theta}\left[\sin\theta+\frac{\cos^2\theta}{3\sin^3\theta}\left(\frac{l}{l_1}\right)^2\right] \tag{2-34}$$

第3章 基于弹性板模型的失效模式分析

3.1 引言

学者在研究层级结构时，都是基于连续化假设进行的，忽略短波失效模式，认为只有宏观的弹性屈曲和塑性屈服才是有效的失效模式。上一章介绍了基于经典弹性梁理论的失效机理研究，但其强度预测与试验值相差较大。本章则基于弹性薄板理论和夹层板理论，首先，在三维尺度上对二级层级褶皱结构的失效模式进行分析，在压缩和剪切荷载作用下，分别得到了各失效模式的临界名义应力；其次，在此基础上构建了失效机理图，阐述了各失效模式之间的占优机制，并讨论了几何参数对失效模式的影响；再次，结合文献中基于弹性梁理论的失效模型，对二级层级褶皱结构失效模式进行了归类，给出了梁模型和板模型的选取依据；最后，将本书结果、文献结果与有限元数值解进行比较。

3.2 二级层级褶皱结构的极限荷载分析

由图2-3可知，当外表面受到荷载作用时，无论是大支撑还是小支撑构件，都可视为受面内荷载作用的面板。其内力、变形与荷载的关系由式(2-1)～式(2-17)表示。根据文献[2,8]对层级结构失效模式分析假设，忽略高层级结构上的短波失效模式，认为只有宏观的弹性屈曲和塑性屈服才是有效的失效模式。因此，当面内荷载达到面板稳定临界荷载或屈服极限荷载时将发生弹性屈曲或塑性屈服，对于二级层级褶皱结构单个构件面板而言，其实质上为对边简支对边自由的弹性薄板稳定失效；对于大支撑来说，其实质上为对边简支对边自由的夹层板稳定失效。

3.2.1　对边简支对边自由的弹性薄板屈曲

将单个板件截取出来，如图 3-1 所示，板厚为 T，边界条件为受载边 $x=0$，$x=a$ 简支，$y=\pm\dfrac{b}{2}$ 自由。

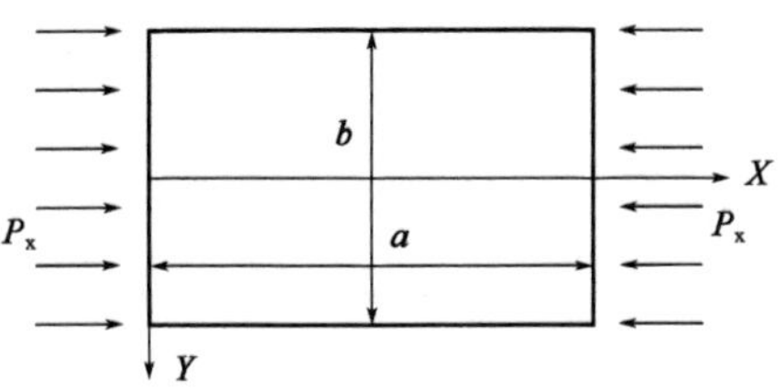

图 3-1　受面内荷载作用的薄板

设满足简支边界条件的挠曲面函数为：

$$w=\sum_{m=1}^{\infty}(Y_m)\sin\frac{m\pi x}{a}\tag{3-1}$$

将挠曲面函数代入板的屈曲微分方程：

$$\left.\begin{aligned}D\left(\frac{\partial^4 w}{\partial x^4}+2\frac{\partial^4 w}{\partial x^2\partial y^2}+\frac{\partial^4 w}{\partial y^4}\right)+P_x\frac{\partial^2 w}{\partial x^2}=0\\D\left(\frac{\partial^4 w}{\partial x^4}+2\frac{\partial^4 w}{\partial x^2\partial y^2}+\frac{\partial^4 w}{\partial y^4}\right)+P_x\frac{\partial^2 w}{\partial x^2}=0\end{aligned}\right\}\tag{3-2}$$

其中，$D=\dfrac{ET^3}{12(1-\nu^2)}$。

将挠曲面函数式(3-1)代入微分方程(3-2)求解可得：

$$w=\sum_{m=1}^{\infty}(C_1\mathrm{ch}\alpha y+C_3\mathrm{ch}\beta y)\sin\frac{m\pi x}{a}\tag{3-3}$$

其中，$\alpha=\sqrt{\lambda_m\left(\sqrt{\dfrac{P_x}{D}}+\lambda_m\right)}$，$\beta=\sqrt{\lambda_m\left(\sqrt{\dfrac{P_x}{D}}-\lambda_m\right)}$，$\lambda_m=\dfrac{m\pi}{a}$。

当一阶屈曲发生时，$m=1$，α 和 β 可以写成：$\alpha=\dfrac{\pi}{a}\sqrt{1+\gamma}$，$\beta=\dfrac{\pi}{a}\sqrt{\gamma-1}=i\delta$。其中，$\gamma=\sqrt{\dfrac{P_x a^2}{\pi^2 D}}$，$\delta=\dfrac{\pi}{a}\sqrt{1-\gamma}$。

将求得的挠曲面函数的表达式代入自由边界条件，经过计算可得到含有临界荷载 P_x 的超越方程如下：

$$\frac{\operatorname{th}\dfrac{b\sqrt{1-\gamma\pi}}{2a}}{\operatorname{th}\dfrac{b\sqrt{1+\gamma\pi}}{2a}}=\frac{\sqrt{1+\gamma}(\gamma-1+\nu)^2}{\sqrt{1-\gamma}(\gamma+1-\nu)^2} \tag{3-4}$$

其中
$$\gamma=\sqrt{\frac{P_x a^2}{\pi^2 D}}$$

式(3-4)给出了边长比 a/b 和 γ 的关系，一旦 a/b 给定，则可通过 γ 得到临界荷载 P_x。

根据文献[101]结论，当 $a \ll b$ 时，构件由板退化为杆，其临界荷载可以由欧拉杆屈曲公式得到；当 b/a 不是很小时，假设其临界荷载也有类似的表达形式，将其写成：

$$(P_x)_{cr}=\frac{\pi^2 E'I}{a^2}\quad\left(I=\frac{t^3}{12}\right) \tag{3-5}$$

式中：E'——有效弹性模量。

通过比较式(3-4)、式(3-5)可得：

$$\gamma^2=\frac{E'}{E}(1-\nu^2) \tag{3-6}$$

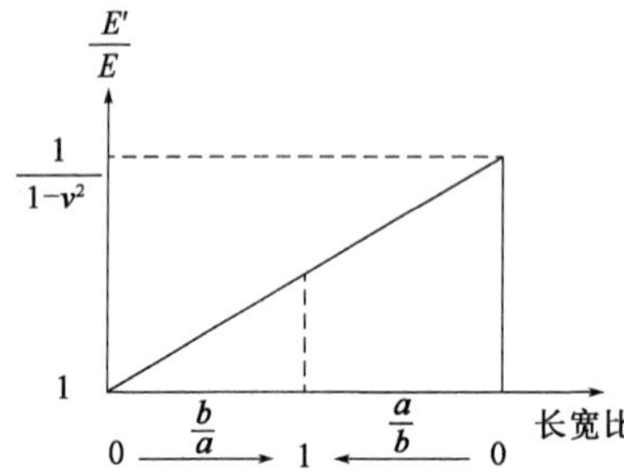

图 3-2 板边长比与 E'/E 的关系

当 b/a 很小时对应细长压杆，否则对应于弹性薄板面内受压。通过数值求解分别得出 γ^2 的极限值 1 和 $1/(1-\nu^2)$。如图 3-2 所示，左边曲线为 $E'/E-b/a$，右边曲线为 $E'/E-a/b$，两者在 $b/a=1$ 处相交。

假设 b/a 不是很小时，γ^2 与边长比呈线性关系，γ^2 取两个极限值内插值。因此，可以得到板屈曲临界荷载近似表达式：

$$\left.\begin{aligned}(P_x)_{cr}&=\pi^2 E\frac{t^3}{12a^2}\left[1+\frac{2\nu^2-1}{2(1-\nu^2)}\frac{b}{a}\right] &&(\text{当 } a>b \text{ 时})\\(P_x)_{cr}&=\pi^2 E\frac{t^3}{12a^2}\left[\frac{1}{1-\nu^2}-\frac{\nu^2}{2(1-\nu^2)}\frac{a}{b}\right] &&(\text{当 } a<b \text{ 时})\end{aligned}\right\} \tag{3-7}$$

而当厚度 $b \gg a$ 时，弹性板可以视为无限宽板（图 3-3）。因此，其屈曲形式与坐标轴 Y 无关，因此，微分方程(3-2)简化为：

$$D\frac{\mathrm{d}^4\omega}{\mathrm{d}x^4}-P\frac{\mathrm{d}^2\omega}{\mathrm{d}x^2}=0 \tag{3-8}$$

易解得其屈曲极限荷载为

$$P_{cr}=\frac{\pi^2 ET^3}{12a^2(1-\nu^2)} \tag{3-9}$$

3.2.2 对边简支对边自由的夹层板屈曲

当 b 较大时,大支撑整体可以看作三角夹芯夹层板,在面内荷载达到稳定临界载荷 P_{cr}时发生整体屈曲破坏,该情况为对边简支对边自由的夹层板稳定失效,受力示意图如图 3-4 所示,荷载为作用于对边的均布面内荷载。其边界条件:受载边 $x=0,x=a$ 简支,无载边 $y=\pm b/2$ 自由。

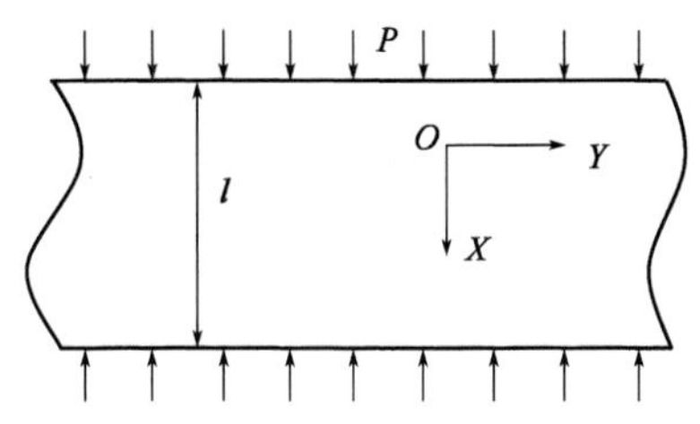

图 3-3 受面内荷载作用的无限宽板

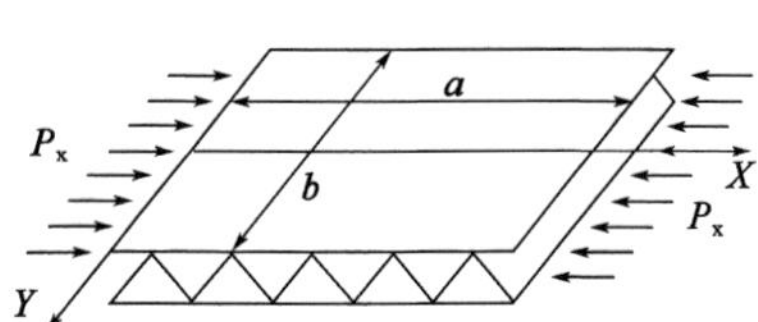

图 3-4 受面内荷载作用的夹层板

求该失稳问题可以归结为寻找两个函数 ω、f 和临界荷载 P_x,假设:

$$\left.\begin{aligned}\omega&=\varphi(y)\sin\frac{m\pi x}{a}\\ f&=F(y)\cos\frac{m\pi x}{a}\end{aligned}\right\} \tag{3-10}$$

使之满足下列基本方程:

$$\left.\begin{aligned}&\frac{1}{2}(1-\nu_f)D\left(\frac{\partial^2 f}{\partial x^2}+\frac{\partial^2 f}{\partial y^2}\right)-Cf=0\\ &D\left(1-\frac{P_x}{C}\right)\frac{\partial^4\omega}{\partial x^4}+2D\left(1-\frac{P_x}{2C}\right)\frac{\partial^4\omega}{\partial x^2 y^2}+D\frac{\partial^4\omega}{\partial y^4}+P_x\frac{\partial^2\omega}{\partial x^2}=0\end{aligned}\right\} \tag{3-11}$$

式中:D——夹层板抗弯刚度,$D=\dfrac{Et\ (t+l_1\sin\theta_1)^2}{2(1-\nu^2)}$;

C——横向剪切刚度,$C=G_c(t+l_1\sin\theta_1)$,其中 G_c 为褶皱夹芯的有效横向剪切模量,$G_c=Et_1\sin2\theta_1/2l_1$。

将 ω 和 f 代入自由边界条件,可以得到如下联立方程:

$$\left.\begin{array}{l}\left[\begin{array}{l}C_1(\alpha^2-\nu\delta^2)\mathrm{ch}b\beta+C_2(\alpha^2-\nu\delta^2)\mathrm{sh}b\beta- \\ C_3(\beta^2+\nu\delta^2)\cos b\beta-C_4(\beta^2+\nu\delta^2)\sin b\beta\end{array}\right]\sin\delta_x=0 \\ \left[C_2(\alpha^2-\nu\delta^2)-C_3(\beta^2+\nu\delta^2)\right]\sin\delta_x=0 \\ \left\{\begin{array}{l}C_1[\alpha^3-(2-\nu)\delta^2\alpha]\mathrm{sh}b\beta+C_2[\alpha^3-(2-\nu)\delta^2\alpha]\mathrm{ch}b\beta+ \\ C_3[\beta^3+(2-\nu)\delta^2\beta]\cos b\beta-C_4[\beta^3+(2-\nu)\delta^2\beta]\sin b\beta\end{array}\right\}\sin\delta_x=0 \\ \left\{C_1[\alpha^3-(2-\nu)\delta^2\alpha]-C_4[\beta^3+(2-\nu)\delta^2\beta]\right\}\sin\delta_x=0\end{array}\right\} \tag{3-12}$$

待定系数方程有非零解的条件是其系数行列式为零，所以，计算简化后可得关于临界荷载 P_x 的超越方程：

$$\frac{\sin b\beta\mathrm{ch}b\alpha}{\mathrm{sh}b\alpha\cos b\beta}=\frac{-2\alpha\beta A_1A_2B_1B_2}{\alpha^2A_2^2B_1^2+\beta^2A_1^2B_2^2} \tag{3-13}$$

其中，$A_1=\alpha^2-\nu\delta^2$，$A_2=\beta^2+\nu\delta^2$，$B_1=\alpha^2-(2-\nu)\delta^2$，$B_2=\beta^2+(2-\nu)\delta^2$，$\alpha=\sqrt{\frac{(-A+\sqrt{A^2-4Q})}{2}}$，$\beta=\sqrt{\frac{(-A-\sqrt{A^2-4Q})}{2}}$，$B=\frac{\delta^2+2C}{D(1-\nu)}$，$Q=\left(\frac{1-P_x}{C}\right)\delta^4-\frac{\delta^2P_x}{D}$，$A=-\left(\frac{2-P_x}{C}\right)\delta^2$，$\delta=\frac{m\pi}{a}$。

当 $b\gg a$ 时，可以将大支撑夹层板结构视为无限宽夹层板。此时，夹层板的屈曲形式与 Y 轴无关，因此，夹层板屈曲微分方程可以简化为：

$$D\left(1-\frac{\rho}{C}\right)\frac{\mathrm{d}^4\omega}{\mathrm{d}x^4}+\rho\frac{\mathrm{d}^2\omega}{\mathrm{d}x^2}=0 \tag{3-14}$$

代入相应边界条件，易得其屈曲极限荷载：

$$(P_x)_{\mathrm{cr}}=\frac{\pi^2D}{l^2}\frac{1+\delta_f}{1+\delta_c} \tag{3-15}$$

其中，$\delta_f=\frac{2\pi^2D_f}{l^2C}$；$\delta_c=\frac{\pi^2D}{l^2C}$；脚标 f 和 c 分别表示此参数与夹层板面板和芯层相关。在工程中，通常有 $\delta_f\ll1$，夹层板面板相对很薄，$h+t\approx h$。所以，式(3-15)转化为：

$$P_x=\frac{\pi^2E}{2}\frac{t}{l}\frac{l_1\sin2\theta\sin^2\theta_1}{\frac{l}{l_1}(1-\nu^2)\sin2\theta+\pi^2\sin\theta_1} \tag{3-16}$$

3.3　二级层级褶皱结构的失效模式分析

对于二级层级褶皱结构失效模式分析，仍然是遵循文献[2]和文献[8]的假定进行的，即忽略短波失效模式，认为只有宏观的弹性屈曲和塑性屈服才是有效的失效模式。因此，当构件所受荷载分量达到其屈服极限或屈曲极限荷载时，认为结构发生失效破坏。此时，二级层级褶皱结构单胞所承受的荷载与对应的单胞受力面积的比值称为名义应力，以此来表征二级层级褶皱结构的承载能力，对应于压缩荷载和剪切荷载的名义应力分布为名义正应力和名义切应力。

1）大支撑塑性屈服

该失效模式与弹性梁模型得到的大支撑塑性屈服失效模式一致，即当大支撑表面板应力达到材料屈曲应力时（$\sigma_f = \sigma_Y$），认为该失效模式发生，通过式（2-3）或式（2-4）可以得到外部荷载 F_x 和 F_z。从而可以分别得到结构单胞的名义正应力和名义切应力：

$$\sigma_{nom} = 2\sigma_Y \frac{t}{l} \frac{\sin\theta}{\cos\theta} \tag{3-17}$$

$$\tau_{nom} = 2\sigma_Y \frac{t}{l} \tag{3-18}$$

2）大支撑剪切屈曲

该失效模式与弹性梁模型得到的大支撑塑性屈服失效模式一致，即在外部荷载作用下，由于大支撑结构的剪切刚度不够，导致结构发生失效[100]，此时作用在大支撑上的轴力为：

$$P_s = (AG)_{eq} = Ebt_1 \sin 2\theta_1 \sin\theta_1$$

当外部荷载分别为压缩荷载和剪切荷载时，可以分别得到结构单胞的名义正应力和名义切应力为：

$$\sigma_{nom} = \frac{t_1}{l} E \sin^2\theta_1 \cos\theta_1 \tan\theta \tag{3-19}$$

$$\tau_{nom} = \frac{t_1}{l} E \sin^2\theta_1 \cos\theta_1 \tag{3-20}$$

3）小支撑塑性屈服

该失效模式与弹性梁模型得到的大支撑塑性屈服失效模式一致，即小支撑构件与面板固结，在外部荷载作用下，当小支撑构件应力达到材料屈服应力时，结构发生破坏,由式(2-17)和式(2-1)可以得到外部荷载。因此,当外部荷载分别为压缩荷载和剪切荷载时,可以分别得到结构单胞的名义正应力和名义切应力为:

$$\sigma_{\mathrm{nom}}=2\sigma_{\mathrm{Y}}\left(\frac{t_1}{l}\right)\frac{\sin\theta_1}{\cos\theta}\left[\frac{1}{3\cos\theta}\left(\frac{l}{l_1}\right)^2+\cos\theta\right] \tag{3-21}$$

$$\tau_{\mathrm{nom}}=2\sigma_{\mathrm{Y}}\left(\frac{t_1}{l}\right)\frac{\sin\theta_1}{\cos\theta}\left[\frac{\cos^2\theta}{3\sin^3\theta}\left(\frac{l}{l_1}\right)^2+\sin\theta\right] \tag{3-22}$$

4)大支撑弹性屈曲

当大支撑轴力达到其屈曲临界荷载时,大支撑发生失稳破坏。此时轴力即临界荷载值,由式(2-1)可以得到外部荷载。当 b 不能满足平面应力条件时,大支撑为夹层板,可由式(3-13)得到其临界荷载值。因此,在压缩荷载和剪切荷载分别作用下结构单胞的名义正应力和名义切应力为:

$$\sigma_{\mathrm{nom}}=\frac{P_{\mathrm{x}}}{bl}\tan\theta \tag{3-23}$$

$$\tau_{\mathrm{nom}}=\frac{P_{\mathrm{x}}}{l} \tag{3-24}$$

当板宽度较大时,可近似看作无限宽夹芯板屈曲问题。根据式(3-15)给出的屈曲极限荷载,可以得到此时结构对应的名义正应力为:

$$\sigma_{\mathrm{p}}=\frac{t}{l}\frac{E\pi^2}{4\cos\theta}\frac{\sin2\theta\sin^2\theta_1}{\left(\frac{l}{l_1}\right)^2(1-\nu^2)\sin2\theta+\pi^2\frac{l}{l_1}\sin\theta_1} \tag{3-25}$$

5)大支撑弹性褶皱

当两个小支撑之间的大支撑面板局部达到失稳时,认为结构发生失效,此时 $\sigma_{\mathrm{f}}=\sigma_{\mathrm{cr}}$。当 b 不能满足平面应力条件时,大支撑表面板局部为弹性薄板,可由式(3-4)或式(3-7)得到其临界荷载值。因此,在压缩荷载和剪切荷载分别作用下结构单胞的名义正应力和名义切应力为:

$$\sigma_{\mathrm{nom}}=\frac{E\pi^2}{24(1-\nu^2)}\frac{\tan\theta}{\cos^2\theta_1}\left(\frac{t}{l}\right)^3\left(\frac{l}{l_1}\right)^2\left(1+\frac{l_1}{b}\cos\theta_1\right) \tag{3-26}$$

$$\tau_{\mathrm{nom}}=\frac{\pi^2Et^3}{24ll_1^2\cos^2\theta_1}\left[\frac{1}{1-\nu^2}-\frac{\nu^2}{2(1-\nu^2)}\frac{a}{b}\right] \tag{3-27}$$

当厚度 b 较大时,根据式(3-9)给出屈曲的极限荷载公式,此时,$s=2l_1\cos\theta_1$,$T=t$,因此,可以得到压缩荷载作用下二级层级褶皱结构的名义正应力为:

$$\sigma_{\mathrm{p}} = \frac{E\pi^2 t^3 \tan\theta}{24 l l_1^2 (1-\nu^2)\cos^2\theta_1} \tag{3-28}$$

6)小支撑弹性屈曲

在外部荷载作用下,当小支撑构件所受轴力达到屈曲临界荷载时,认为结构发生破坏,由式(2-1)~式(2-8)和式(2-17)可以得到外部荷载。当 b 不能满足平面应力条件时,小支撑为弹性薄板,可由式(3-4)或式(3-7)得到其临界荷载值。因此,在压缩荷载和剪切荷载分别作用下,结构单胞的名义正应力和名义切应力为:

$$\sigma_{\mathrm{nom}} = \frac{\pi^2 E t_1^3 \sin\theta_1}{6 l l_1^2 \cos\theta (1-\nu^2)}\left[\cos\theta + \frac{1}{3\cos\theta}\left(\frac{l}{l_1}\right)^2\right]\left(1+\frac{l_1}{2b}\right) \tag{3-29}$$

$$\tau_{\mathrm{nom}} = \pi^2 E \frac{\sin\theta_1}{\cos\theta}\frac{t_1^3}{6 l l_1^2}\left[\frac{1}{1-\nu^2} - \frac{\nu^2}{2(1-\nu^2)}\frac{l_1}{b}\right]\left[\left(\frac{l}{l_1}\right)^2 \frac{\sin\theta}{3\sin^2\theta_1} + \sin\theta\right] \tag{3-30}$$

当厚度 b 相对较大时,小支撑板可以视为无限宽,因此,对应的失效模式为无限宽小支撑板弹性屈曲。此时,$s = l_1$,$T = t_1$,根据式(3-9)的求解,可以得到二级层级褶皱结构对应的名义正应力为:

$$\sigma_{\mathrm{p}} = \left(\frac{t_1}{l_1}\right)^3 \frac{l_1}{l}\frac{E\pi^2\cos\theta_1}{6(1-\nu^2)\cos\theta}\left[\cos\theta + \frac{1}{3\cos\theta}\left(\frac{l}{l_1}\right)^2\right] \tag{3-31}$$

文献[6]中,假设当厚度 b 足够小时,满足平面应力条件,在此基础上将二级层级褶皱结构各基本构件视为弹性梁,推导了相应的 6 种失效模式,其中塑性屈服与大支撑剪切屈曲失效模式与板模型对应的失效模式一致;当厚度 b 较小时,将结构构件简化为二维梁模型,并对其屈曲极限荷载进行求解,因此 3 种与弹性屈曲有关的失效模式对应的正应力和切应力的表达式如下。

7)大支撑弹性屈曲

$$\sigma_{\mathrm{nom}} = 2\pi^2 E\left(\frac{t}{l}\right)\left(\frac{l_1}{l}\right)^2 \sin^2\theta_1 \tan\theta \tag{3-32}$$

$$\tau_{\mathrm{nom}} = 2\pi^2 E\left(\frac{t}{l}\right)\left(\frac{l_1}{l}\right)^2 \sin^2\theta_1 \tag{3-33}$$

8)大支撑面板弹性褶皱

$$\sigma_{\mathrm{nom}} = \frac{\pi^2 E}{24}\left(\frac{t}{l}\right)^3\left(\frac{l}{l_1}\right)^2 \frac{\tan\theta}{\cos^2\theta_1} \tag{3-34}$$

$$\tau_{\mathrm{nom}} = \frac{\pi^2 E}{24\cos^2\theta_1}\left(\frac{t}{l}\right)^3\left(\frac{l}{l_1}\right)^2 \tag{3-35}$$

9)小支撑弹性屈曲

$$\sigma_{\mathrm{nom}} = \left(\frac{t_1}{l}\right)^3 \left(\frac{l}{l_1}\right)^2 \frac{2E\pi^2\cos\theta_1}{3\cos\theta}\left[\cos\theta + \frac{1}{3\cos\theta}\left(\frac{l}{l_1}\right)^2\right] \tag{3-36}$$

$$\tau_{\mathrm{nom}} = \left(\frac{t_1}{l}\right)^3 \left(\frac{l}{l_1}\right)^2 \frac{2E\pi^2\cos\theta_1}{3\cos\theta}\left[\sin\theta + \frac{\cos^2\theta}{3\sin^3\theta}\left(\frac{l}{l_1}\right)^2\right] \tag{3-37}$$

综上所述,基于板理论得到的失效模式基本解和文献[6]中基于弹性梁理论所得的失效模式基本解,将层级结构失效模式加以归纳,见表3-1。

层级褶皱结构夹层梁压缩荷载作用下失效模式分类　　表3-1

失效部位	失效模式	对应失效准则基本解
大支撑	夹层板屈曲	3.20、3.21
	欧拉梁屈曲	3.26
	表面板塑性屈服	3.16
	表面板皱曲	3.22、3.23
	表面梁皱曲	3.27
	剪切破坏	3.18
小支撑	塑性屈服	3.19
	薄板屈曲	3.24、3.25
	欧拉梁屈曲	3.28

注:在 $a/b>1$ 且 $t/b<0.125$ 或 $a/b<1$ 且 $t/a<0.125$ 时,选用弹性板模型进行力学性能分析,其他情况选用弹性梁模型进行分析。

3.4　二级层级褶皱结构的失效机理图

本章上一节介绍了各失效模式,但是上述失效模式通常不会同时出现,对于一个确定性结构,承载能力最弱的失效模式会先出现,因此,定义承载能力最差的失效模式为有效失效模式。对比各失效模式对应的名义应力可得到其占优关系,并通过失效机理图进行阐述。当厚度 b 不满足平面应力条件时,基本构件可以认为是弹性薄板或夹层板,此时除夹层板整体屈曲外,其余各失效模式对应正应力和切应力都有线性表达式,通过对失效模式之间的边界进行比较可以得到如下结论:

(1)在压缩荷载作用时,如果 $l_1/l<\dfrac{1}{\sqrt{8\varepsilon_Y/(3\sin2\theta-24\varepsilon_Y\cos^2\theta)}}$,大支撑剪

切破坏模式不会出现；反之，则小支撑塑性破坏模式不会出现。

(2)在剪切荷载作用时，如果 $l_1/l < \dfrac{1}{\sqrt{3\sin^4\theta_1\cos\theta_1\cot\theta/2\varepsilon_Y - 3\sin^2\theta_1}}$，小支撑塑性破坏不会出现；反之则大支撑剪切破坏模式不会出现。

(3)当 $\dfrac{l_1}{l} < \dfrac{\sqrt{\varepsilon_Y}}{\pi\sin\theta_1}$ 时，大支撑塑性破坏模式不会出现；反之，则大支撑欧拉屈曲模式不会出现。当 $\varepsilon_Y < \sin 2\theta/4$ 时，在剪切破坏模式不会出现；反之小支撑塑性破坏模式不会出现。但是只有 θ 相当小时才有可能 $\varepsilon_Y \geqslant \sin 2\theta/4$。事实上，一般情况下 θ 不会相当小。因此，剪切失效模式可以忽略。

依据以上结论，如果 θ_1、θ、l_1/l 和 ε_Y 给定，则各失效模式的占优关系在失效机理图中得以体现。

如图 3-5 所示，在压缩荷载作用下，大支撑表面板弹性褶皱失效和小支撑的屈曲失效都是最主要的失效模式。综上所述，在图 3-5a) 中大支撑欧拉屈曲没有出现，而在图 3-5b) 中没有大支撑剪切屈曲。当 l_1/l 小于界限值 $\sqrt{\varepsilon_Y}/\pi\sin\theta_1$ 时，弹性褶皱失效占优随着 l_1/l 的增长而更加明显，而剪切失效和塑性屈服失效的占优比例大幅下降，剪切失效随着 l_1/l 的增长逐渐减小直至消失；当 l_1/l 大于界限值 $\sqrt{\varepsilon_Y}/\pi\sin\theta_1$ 时，有效失效模式只剩小支撑弹性屈曲、大支撑弹性褶皱和大支撑塑性屈服 3 种，各失效模式占优优势随着 l_1/l 的增大仅发生微小变化。随着 t_1/l_1 的增大，失效部位逐渐由小支撑向其他部位转移。需要指出的是，由于大支撑屈曲对应的名义应力没有线性表达式，因此在图 3-5中这种失效模式没有得到体现。

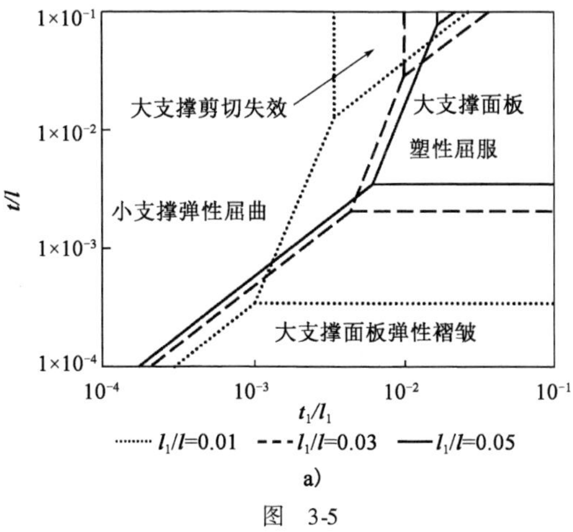

图　3-5

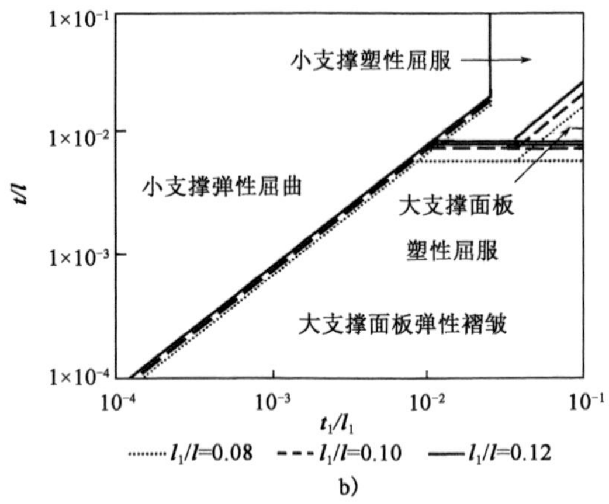

b)

图 3-5　压缩荷载作用下基于板模型的二级层级褶皱结构失效机理图

注：$\theta_1 = \theta = 45°$。

通过图 3-6 与图 3-5 对比可以发现，无论在剪切还是压缩荷载作用下，其结构最主要的失效模式都是大支撑表面板弹性褶皱失效和小支撑的屈曲失效。当 l_1/l 小于界限值 $\sqrt{\varepsilon_Y}/\pi\sin\theta_1$ 时，在剪切荷载作用与压缩荷载作用下的有效失效模式以及分布基本一致，但是当 l_1/l 大于界限值 $\sqrt{\varepsilon_Y}/\pi\sin\theta_1$ 时，在剪切荷载作用下小支撑屈曲失效模式与大支撑弹性褶皱失效模式之间的边界发生较大变化，小支撑屈曲失效模式的优势突然增长，而大支撑褶皱失效则急剧减小。这说明当 l_1/l 较大时，小支撑屈曲失效模式在剪切荷载作用下比在压缩荷载作用下更容易发生。

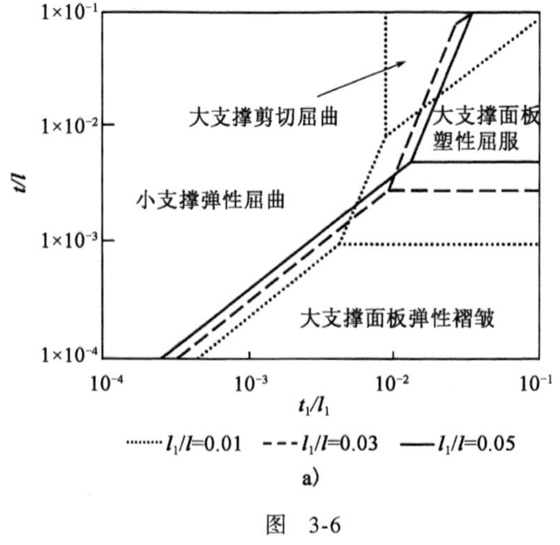

a)

图　3-6

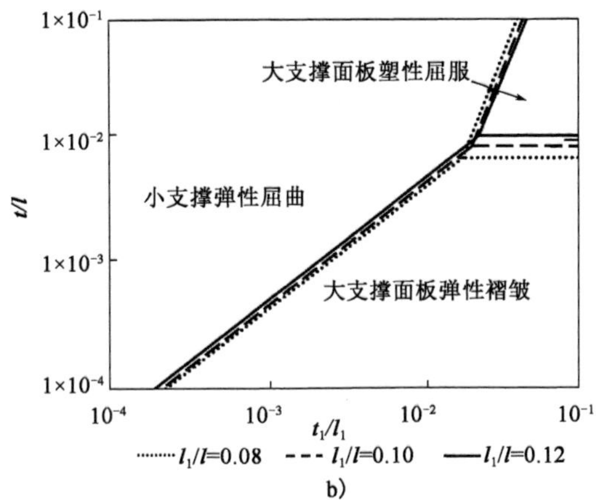

b)

图 3-6 剪切荷载作用下基于板模型二级层级褶皱结构失效机理图

注：$\theta_1 = \theta = 45°$。

当褶皱芯层厚度 b 很大时，褶皱构件可以视作为无限宽板或无限宽夹层板。此时，所有的失效模式对应的名义应力都有线性表达。因此，同样可以得到类似的结论。

(4)存在一个界限值：$\dfrac{2(1-\nu^2)\sin2\theta}{\pi\sin\theta_1\left[\sqrt{\pi^2+(1-\nu^2)\sin2\theta\cos\theta/b\varepsilon_Y}-\pi\right]}$，当 l_1/l 小于它时，大支撑塑性屈服失效模式不会出现；反之，则大支撑整体屈曲不会出现。

同理，当厚度 b 很大时，同样可以构建其失效机理图如图 3-7 所示。与结论(3)相符，在图 3-7a) 中没有大支撑塑性屈服，在图 3-7b) 中没有大支撑屈曲。

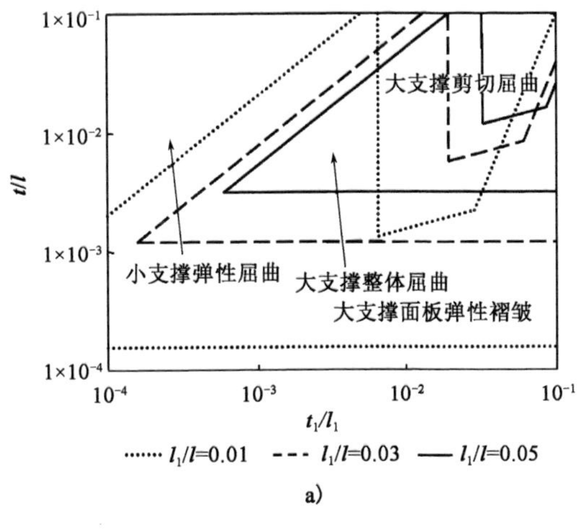

a)

图 3-7

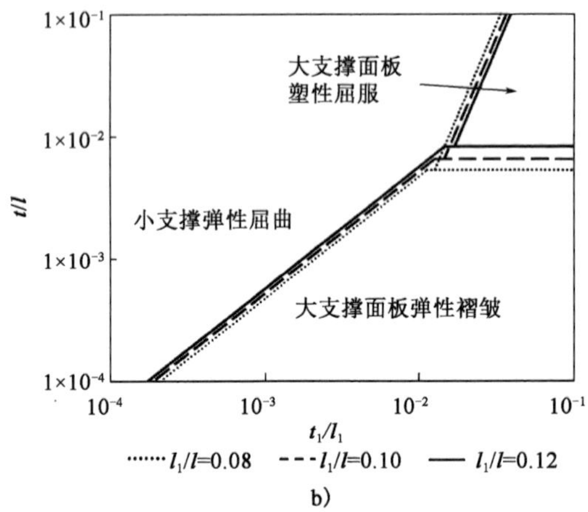

图 3-7　基于无限宽板和无限宽夹层板模型的二级层级褶皱结构失效机理图

注：$\theta_1=\theta=45°$，$\varepsilon_Y=0.002$，$b\approx\infty$［a）图］；l_1/l 分别为 0.01、0.03 和 0.05［b）图］；l_1/l 分别为 0.08、0.1 和 0.12。

与图 3-5 和图 3-6 相比，由于无限宽板模型中大支撑屈曲的名义应力有线性表达式，因此，失效模式间的分隔线变得更加复杂，而且大支撑屈服失效模式被大支撑屈曲所取代。当 l_1/l 小于界限值时，随着 l_1/l 的增长，小支撑屈曲和大支撑表面弹性褶皱失效模式的优势变得更加明显。与此同时，大支撑屈曲和剪切屈曲的面积迅速减小。当 l_1/l 大于界限值时，各失效模式之间的分隔线随着 l_1/l 的增长仅发生轻微的改变。

3.5　弹性板模型与梁模型的结果比较

文献［6］基于弹性梁理论对二级层级褶皱结构失效模型进行了分析，本书对板模型与梁模型对应失效机理图进行了比较。根据分析模型选取依据，随着厚度 b 的增大，所选取的分析模型将由梁模型变为板模型，选取 $l_1/l=0.02$，$\varepsilon_y=0.002$，$\theta=\theta_1=45°$，厚度 b 为常数。采用文献［6］所给梁模型和本书提出的板模型分别进行计算，得到两个不同的轮廓线，如图 3-8a）所示。两种分析模型在压缩荷载或剪切荷载作用下，主要的失效模式及有效失效模式占优关系变化趋势基本相同；对于梁模型而言，基于板模型的稳定失效占优更明显。而图 3-8b）展示了材料极限应变率对有效失效模式的影响，在其他情况不变的情况下，增大材料极限应变率，相当于材料变软，其对应的塑性屈服应力极限降低，随之而来的塑性屈服失效模式的占优比例则会增加。此外，图3-8 中还给出了相对密度信息和名义应力信息。一旦结构几何参数给定，可以通过失效机理图快速找到结构相对密度和名义应力所属区域，便于快速掌握结构性能信息。

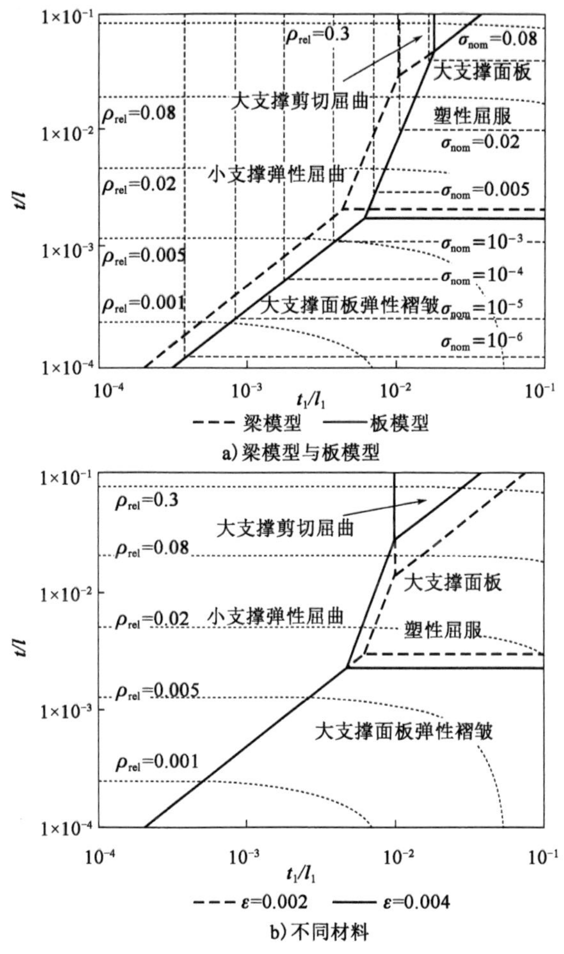

a）梁模型与板模型

b）不同材料

图 3-8　二级层级褶皱结构失效机理图比较

假设取 $\varepsilon_y=0.004$，$\theta_1=45°$，$\theta=45°$或 $\theta=60°$，对应的失效模式为大支撑表面板弹性褶皱，因此 $r=2l_1\cos\theta_1$。基于大型通用有限元软件 ANSYS，采用 shell 单元建立有限元模型，施加 Z 向单位荷载，以有限元屈曲分析得到的极限荷载结果作为参考解，分别将本书提出的板模型和文献[6]中的梁模型得到的极限荷载与之进行比较，以有限元分析结果作为参考解，分别将模型结果与有限元解进行比较，误差结果如图3-9所示。从图3-9中可以明显地看出，当 $b/r>1$ 时，板模型比梁模型具有更好的精度。板模型的误差 $\theta=45°$ 时不超过5%，$\theta=60°$ 时不超过7%。无论梁模型还是板模型或者无限宽板模型，其计算结果在 $b/r>3$ 后基本趋于稳定。由于在梁模型中没有考虑材料泊松比的影响，因此基于梁模型的计算结果强度被低估。由于板模型考虑了材料泊松比的影响，板模型计算的抗弯刚度与梁模型的抗弯刚度相比得到了加强，因此计算结果具有更好的精度。

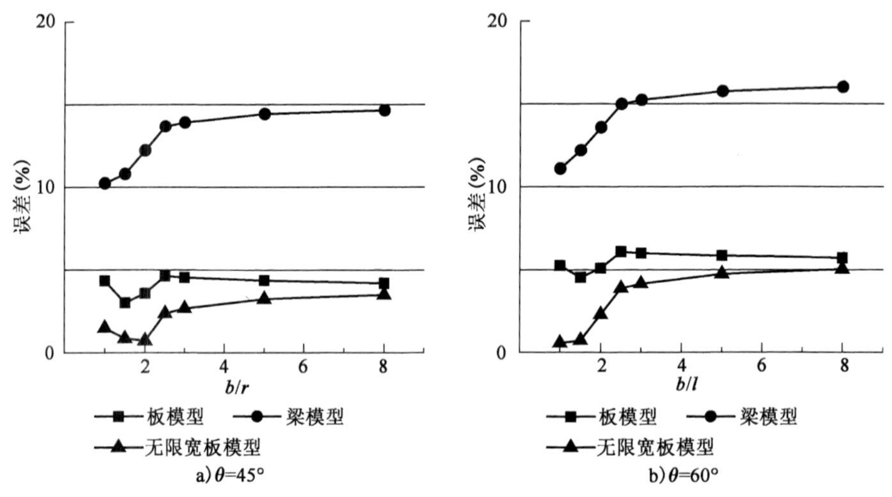

图3-9　不同模型的误差分布

为验证理论分析失效模式的正确性，取文献[6]中所做试验模型尺寸进行理论分析和数值试验，其几何参数为 $t=1.02\text{mm}$，$t_1=0.51\text{mm}$，$l_1=12.7\text{mm}$，$l=310\text{mm}$，$b=152\text{mm}$，$\varepsilon_y=0.004$，$\theta_1=45°$，$\theta=60°$，依据几何尺寸可以得到其理论对应的失效模式是大支撑面板弹性屈曲，对应的由shell单元构成的有限元屈曲分析显示，在竖直方向荷载作用下，其一阶屈曲振型为大支撑面板褶皱，这与文献中的试验现象吻合(图3-10)，很好地验证了失效模式理论预测结果的正确性。文献[6]中实验测得的名义应力峰值为1.0MPa，文献[6]给出的基于梁模型的理论预测名义应力值为1.8MPa。根据式(3-7)和式(2-1)～式(2-8)可以得到极限荷载，从而得到理论名义应力为1.26MPa，继而证明了本书提出的板模型比文献[6]中的梁模型更精确。

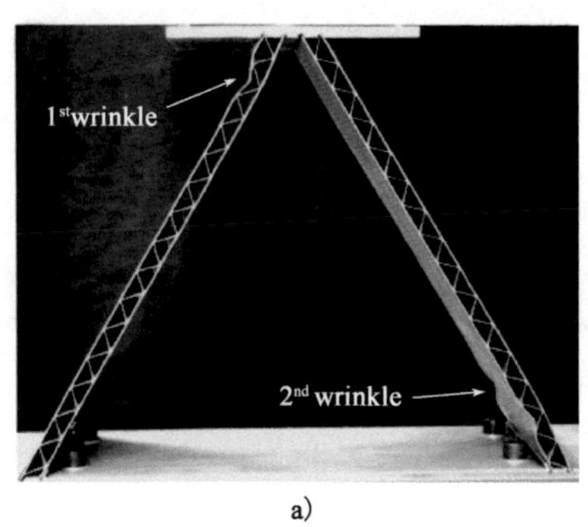

a)

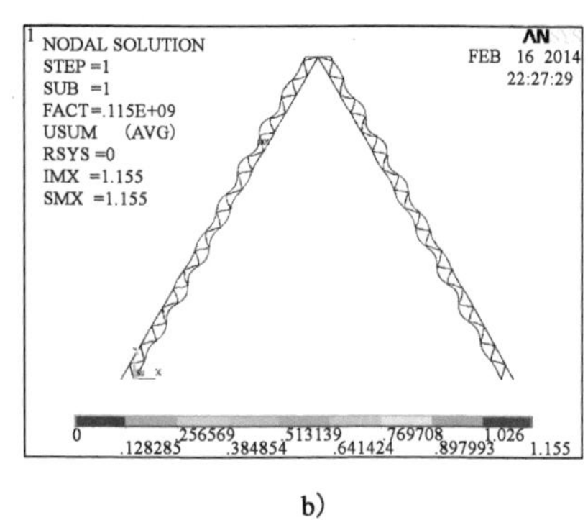

b)

图 3-10　二级层级褶皱夹芯失效照片和一阶屈曲模态图

3.6　本章小结

本书基于弹性板理论和夹层板理论,对二级层级褶皱结构失效模式进行了分析,提出用于失效模式和结构承载力预测的板模型,给出了 6 种新的失效模式、压缩荷载和剪切荷载作用下各失效模式基本解、承载边简支对边自由薄板屈曲的简化解。综合文献[6]基于梁模型所给的失效模式,对二级层级褶皱结构失效模式进行了归类总结。

通过对各失效模式对应的名义应力表达式进行比较发现,对于压缩荷载或剪切荷载工况,大支撑剪切失效模式和小支撑塑性屈服失效模式不会同时发生,这两个失效模式之间存在一个只与 l_1/l 有关的界限值。当厚度 b 无穷大时,同样存在一个与 l_1/l 有关的界限值,使得大支撑塑性屈服和大支撑屈曲两种失效模式不会同时出现。由各失效模式对应的名义应力表达得到了各失效模式间的边界及失效机理图。失效机理图表明,无论在剪切荷载还是压缩荷载作用下,结构最主要的失效模式都是大支撑表面板弹性褶皱失效和小支撑的屈曲失效。

通过与有限元结果的对比发现:本书提出的板模型和无限宽板模型,都比文献[6]中的梁模型具有更高的精度。由于在梁模型中没有考虑材料泊松比的影响,因此,基于梁模型的强度会被高估。另外,通过与文献[6]试验结果进行比较,不但验证了板模型失效模式预测的正确性,而且基于板模型的承载力预测结果也比文献[6]中梁模型的预测结果更接近试验值,很好地证明了板模型失效模式理论预测的正确性和承载力预测的准确性。

第4章 基于中厚板模型的失效模式分析

4.1 引言

经典的基尔霍夫理论由于忽略了横向剪切变形和转动惯量的影响，在求解中厚板时会带来较大误差。因此，学者们发展了 Mindlin 理论和 Reddy 剪切变形理论。Mindlin 理论又称为一阶剪切变形理论，相比经典理论，假设垂直于中面的直线变形后虽不一定垂直于中面，但仍然保持直线，从而考虑了横向剪切变形。其平衡方程中需要引入一个修正系数来解决板的顶端和底端面不满足剪切边界条件的弊端。Reddy 剪切变形理论中面内位移包含三次项，因此又称为高阶剪切变形理论。相比 Mindlin 理论，Reddy 剪切变形理论在板的顶端和底端面均满足横向剪切应力为零，沿厚度方向的切应力呈抛物线形式。

Mindlin 理论的基本方程是一组偏微分方程组，其挠度和横向剪力为基本未知量，求解时先引入应力函数，转化为挠度 w 和应力函数表示的控制方程；然后利用纳维解法、莱维解法或瑞利-里兹法进行求解，求解过程非常复杂。求解 Mindlin 板的屈曲问题常用解析法和数值法。其中，解析法包括瑞利-里兹法、能量法和纳维解法；数值法包括有限元法、有限条法、基于修正余能原理的方法、无网格法和边界元法等。

当二级层级褶皱结构的厚度与宽度的比值较大时，采用基于薄板模型的理论公式求解时会带来较大误差。针对这种情况，本章基于 Mindlin 理论建立了中厚板模型，在分析二级层级褶皱结构的弹性屈曲问题时可以考虑横向剪切效应。暂不考虑具体的失效模式类型，分别推导了大支撑和小支撑失效时的通用名义应力公式；基于中厚板模型，分析了二级层级褶皱结构在压缩或剪切荷载作用下的失效行为，讨论了可能发生的 6 种失效模式并推导出了各自的名义应力公式；选取不同的尺寸参数，构造6种不同尺寸参数的二级层级褶皱结构模型，分别对应6种失效模式，将中厚板模型计算的各模型的名义应力值与有限元结果进行对比，证明中厚板模型理论公式的精度；最后构建两组模型，分别发生大支撑弹性褶皱和小支撑弹性屈曲失效，将中厚板模型的理论解分别与薄板模型、有限元结果进行对比，证实了当模型的厚度较大时，中厚板模型具有更好的精度。

4.2　四边简支四边自由的矩形中厚板的屈曲

二级层级褶皱结构单胞示意图如图4-1所示，其结构由顶端、底端面板和夹芯组成，其中夹芯仍是三明治褶皱夹芯板，包括面板和波纹板。为了描述方便，本书将二级层级褶皱结构的夹芯称为大支撑，大支撑的波纹夹芯称为小支撑。整个结构的高度为H、宽度为b，面板厚度为t_f，大支撑面板倾角、厚度、长度和高度分别为θ、t、l和h，小支撑的倾角、厚度和长度分别为θ_1、t_1和l_1。由于本章的研究内容是大支撑的失效模式分析，因此顶端、底端面板可视为刚性板。整个大支撑由同一种金属材料制作而成，大支撑夹芯和面板之间固结。

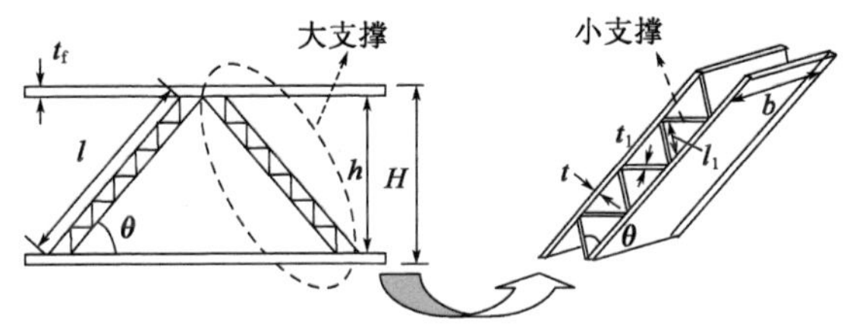

图4-1　二级层级褶皱结构单胞示意图

二级层级褶皱结构的构件可以拆分成对边简支对边自由的矩形板[102]，在外载作用下，构件承受面内荷载。对于金属材料的矩形板，当面内荷载达到材料的屈服极限或者屈曲临界荷载时，可能发生塑性屈服或弹性屈曲。因此，二级层级褶皱结构由于构件发生弹性屈曲而失效时，实际上可以转换为求解对边自由对边简支的矩形板的弹性屈曲问题。采用Kirchhoff理论分析中厚板在面内荷载作用下的弹性屈曲问题时，由于忽略了横向剪切变形，得到的屈曲临界荷载值存在较大误差。针对这种问题，学者开始使用Mindlin理论求解中厚板和复合材料层合板，屈曲临界荷载的精度得到了较大改善。已有较多文献尝试求解矩形中厚板发生弹性屈曲时的屈曲临界荷载，但是针对于对边简支对边自由这种特殊的边界条件，大部分文献进行求解时需要不断迭代，直到得到收敛解或者给出解析解，但形式比较复杂、求解数值解困难。Hashemi 等[103]在没有进行任何近似等效的情况下,求解对边简支、另一对边的边界条件任意的矩形板屈曲临界荷载。本书求解临界荷载的解析解时进行了归一化,得到的结果是无量纲形式,为了方便应用,本书仅考虑对边简支对边自由这种特殊的边界条件,并对结果进行去归一化,将解析解转换成真实的值。其求解过程如下:

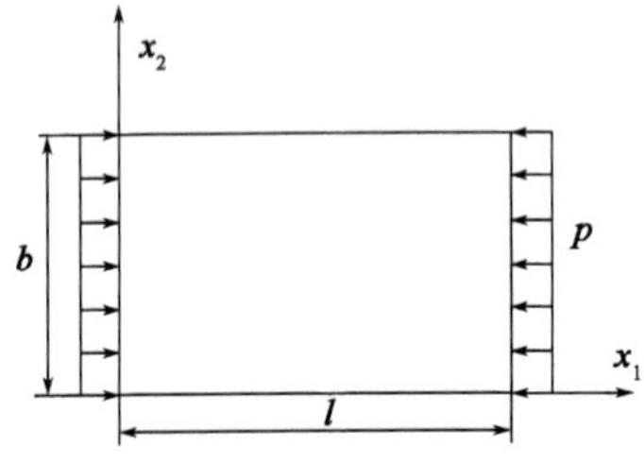

图 4-2　面内荷载作用下的矩形中厚板

矩形中厚板在面内荷载作用下示意图如图 4-2 所示。l、b 分别是自由边、简支边的长度,t 是矩形板的厚度,承受的面内荷载为 p。E、G、ν 和 ρ 分别是弹性模量、剪切模量、泊松比和密度。

对于矩形板,基于 Mindlin 理论的控制微分方程式如下:

$$\left.\begin{aligned}
&M_{11,1}+M_{12,2}-Q_1=\frac{-\rho t^3\ddot{\psi}_1}{12}\\
&M_{12,1}+M_{22,2}-Q_2=\frac{-\rho t^3\ddot{\psi}_2}{12}\\
&Q_{1,1}+Q_{2,2}+p=\rho t^3\ddot{\psi}_3
\end{aligned}\right\}\tag{4-1}$$

式中:M_{11}、M_{22}——弯矩;

M_{12}——扭矩;

Q_1、Q_2——横向剪切力;

$\ddot{\psi}_1$、$\ddot{\psi}_2$——垂直于 x_2 轴和 x_1 轴的转角;

ρ——密度。

用“,”表示导数,如 $M_{11,1}$ 表示 $\partial M_{11}/\partial x_1$。结构的平衡方程为:

$$\left.\begin{aligned}
&M_{1,1}=-D(\psi_{1,1}+\nu\psi_{2,2})\\
&M_{2,2}=-D(\psi_{2,2}+\nu\psi_{1,1})\\
&M_{1,2}=\frac{-D(1-\nu)(\psi_{1,2}+\nu_{2,1})}{2}\\
&Q_1=-\kappa^2Gt(\psi_1-\nu_{3.1})\\
&Q_2=-\kappa^2Gt(\psi_2-\nu_{3.2})
\end{aligned}\right\}\tag{4-2}$$

式中:D——弯曲刚度;

κ^2——剪切修正系数，一般取 $\pi^2/12$。

将式(4-2)代入式(4-1)中，可得：

$$\left.\begin{aligned}&D[\nu_1(\bar{\psi}_{1.11}+\bar{\psi}_{1.22})+\nu_2(\bar{\psi}_{1.11}+\bar{\psi}_{2.12})]-\kappa^2Gt(\bar{\psi}_1+\bar{\psi}_{3.1})=\frac{-\rho t^3\omega^2\bar{\psi}_1}{12}\\&D[\nu_1(\bar{\psi}_{2.11}+\bar{\psi}_{2.22})+\nu_2(\bar{\psi}_{1.12}+\bar{\psi}_{2.22})]-\kappa^2Gt(\bar{\psi}_2+\bar{\psi}_{3.2})=\frac{-\rho t^3\omega^2\bar{\psi}_2}{12}\\&\kappa^2Gt(\bar{\psi}_{3.11}+\bar{\psi}_{3.22}-\bar{\psi}_{1.1}-\bar{\psi}_{2.2})+N_1\bar{\psi}_{3.11}+N_2\bar{\psi}_{3.22}=-\rho t^3\omega^2\bar{\psi}_3\end{aligned}\right\}\tag{4-3}$$

式中：ω——板的自由振动频率，有以下关系，即：

$$\left.\begin{aligned}&\psi_1(x_1,x_2,t)=\bar{\psi}_1(x_1,x_2)\mathrm{e}^{-i\omega t}\\&\psi_2(x_1,x_2,t)=\bar{\psi}_2(x_1,x_2)\mathrm{e}^{-i\omega t}\\&\psi_3(x_1,x_2,t)=\bar{\psi}_3(x_1,x_2)\mathrm{e}^{-i\omega t}\\&\nu_1=\frac{(1-\nu)}{2}\\&\nu_2=\frac{(1+\nu)}{2}\end{aligned}\right\}\tag{4-4}$$

为了求解方便，引入一些无量纲的变量，将坐标系标准化：$X_1=x_1/l$, $X_2=x_2/l$, $\delta=h/l$, $\eta=l/b$, $(\tilde{\psi}_1,\tilde{\psi}_2)=(\bar{\psi}_1,\bar{\psi}_2)$, $\tilde{\psi}=\bar{\psi}_3/l(\tilde{M}_{11},\tilde{M}_{22},\tilde{M}_{12})=(M_{11},M_{22},M_{12})l/D$, $(\tilde{Q}_1,\tilde{Q}_2)=(Q_1,Q_2)/(\kappa^2Gt)$, $(\tilde{N}_1,\tilde{N}_2)=(\bar{N}_1,\bar{N}_2)l^2/D$, $\beta=\omega l^2\sqrt{\rho t/D}$, $\theta=12\kappa^2\nu_1/\delta^2$。

将式(4-4)代入到式(4-3)，可得：

$$\left.\begin{aligned}&\tilde{\psi}_{1.11}+\eta^2\tilde{\psi}_{1.22}+(\tilde{\psi}_{1.11}+\eta\tilde{\psi}_{2.12})\nu_2/\nu_1-(\tilde{\psi}_1-\tilde{\psi}_{3.1})\theta/\nu_1=\frac{-\kappa^2\beta^2\tilde{\psi}_1}{\theta}\\&\tilde{\psi}_{2.11}+\eta^2\tilde{\psi}_{2.22}+(\tilde{\psi}_{1.12}+\eta\tilde{\psi}_{2.22})\nu_2/\nu_1-(\tilde{\psi}_2-\tilde{\psi}_{3.2})\theta/\nu_1=\frac{-\kappa^2\beta^2\tilde{\psi}_2}{\theta}\\&(\theta+\tilde{N}_1)\tilde{\psi}_{3.11}+(\theta+\tilde{N}_2)\tilde{\psi}_{3.22}-\theta(\tilde{\psi}_{1.1}-\tilde{\psi}_{2.2})=-\beta^2\tilde{\psi}_3\end{aligned}\right\}\tag{4-5}$$

为求解控制微分方程，引入 3 个无量纲的势能函数 W_1、W_2 和 W_3，即：

$\tilde{\psi}_1=C_1W_{1,1}+C_2W_{2,1}-\eta W_{3,2}$, $\tilde{\psi}_2=C_1\eta W_{1,2}+C_2\eta W_{2,2}+\eta W_{3,1}$, $\tilde{\psi}_3=W_1+W_2$;

$W_{1,11}+\eta^2 W_{1,22}=-\alpha_1^2 W_1, W_{2,11}+\eta^2 W_{2,22}=-\alpha_2^2 W_2, W_{3,11}+\eta^2 W_{3,22}=-\alpha_3^2 W_3$。

其中，C_1、C_2、α_1、α_2、α_3 为待定系数。

本书考察矩形板的边界条件为一对边简支，另一对边自由，满足以下公式：

$$\left.\begin{aligned}&\tilde{M}_{11}=0, \tilde{\psi}_2=0, \tilde{\psi}_3=0\\&\tilde{M}_{22}=0, \tilde{M}_{12}=0, \tilde{Q}_2+\frac{\eta\tilde{N}_2\tilde{\psi}_{3,2}}{\theta}=0\end{aligned}\right\} \tag{4-6}$$

将势能函数 W_1、W_2 和 W_3 假设为三角函数的形式：

$$\left.\begin{aligned}W_1&=[A_1\sin(\lambda_1 X_2)+A_2\cosh(\lambda_1 X_2)]\sin(\mu X_1)\\W_2&=[A_3\sin(\lambda_2 X_2)+A_4\cosh(\lambda_2 X_2)]\sin(\mu X_1)\\W_3&=[A_5\sin(\lambda_3 X_2)+A_6\cosh(\lambda_3 X_2)]\cos(\mu X_1)\end{aligned}\right\} \tag{4-7}$$

式中：μ——任意常数，$\mu=m\pi, m=1,2,\cdots, A_i$。

将式(4-7)代入控制微分式(4-5)中，并利用边界条件式(4-6)得到屈曲临界荷载的超越方程：

$$\begin{aligned}&4(C_1-C_2)\eta^2 m^2\pi^2\lambda_1\lambda_2\lambda_3[C_1\lambda_2 L_3 L_4(\cos\lambda_1\mathrm{ch}\lambda_3-1)\mathrm{sh}\lambda_2-\\&C_2\lambda_1 L_1 L_2(\cos\lambda_2\mathrm{ch}\lambda_3-1)\mathrm{sh}\lambda_1](1-\nu)+\\&[4(C_1-C_2)^2\eta^4 m^4\pi^4\lambda_1^2\lambda_2^2\lambda_3^2(1-\nu)^2+C_1^2\lambda_1^2 L_1^2 L_2^2-C_1^2\lambda_2^2 L_3^2 L_4^2]\\&\sin\lambda_1\mathrm{sh}\lambda_2\mathrm{sh}\lambda_3-2C_1C_2\lambda_1\lambda_2 L_1 L_2 L_3 L_4(\cos\lambda_1\mathrm{ch}\lambda_2-1)\mathrm{sh}\lambda_3=0\end{aligned} \tag{4-8}$$

其中，$L_1=(C_1-1)\eta^2\lambda_3^2-(C_1+1)m^2\pi^2$，$L_2=\eta^2\lambda_2^2-\nu m^2\pi^2$，$L_3=(C_2-1)\eta^2\lambda_3^2-(C_2+1)m^2\pi^2$，$L_4=\eta^2\lambda_1^2+\nu m^2\pi^2$，$\psi=12\kappa^2(1-\nu)l^2/2t^2$，$C_1=\psi^2/[\psi^2+\psi(\eta^2\lambda_1^2+m^2\pi^2)]$，$C_2=\psi^2/[\psi^2+\psi(\eta^2\lambda_2^2+m^2\pi^2)]$，$\lambda_1^2=(-\lambda+\sqrt{\lambda^2-4\alpha})/2$，$\lambda_2^2=(\lambda+\sqrt{\lambda^2-4\alpha})/2$，$\lambda_3=[m^2\pi^2+2\psi/(1-\nu)]/\eta^2$，$\lambda=m^2\pi^2(a_1+1)/\eta^2$，$\alpha=(a_1 m^4\pi^4-a_2 m^2\pi^2)/\eta^4$，$a_1=1-a_2/\psi$，$a_2=l^2 P_{\mathrm{cr}}/D$。

4.3 考虑横向剪切效应的二级层级褶皱结构失效模式分析

在压缩或剪切荷载作用下，二级层级褶皱结构单胞失效时有 6 种不同的类型。当构件的厚度与宽度的比值比较大时，采用 Mindlin 理论求解屈曲临界荷载。本节暂不考虑具体的失效模式，推导大支撑和小支撑失效时的通用名义应力表达式；然后考虑每种失效模式发生时大支撑或小支撑承受的荷载大小，代入到通用名义应力公式中求解 6 种失效模式对应的名义应力表达式。

对于梁模型[6]和薄板模型[102,104-105]，已有文献在推导小支撑的名义应力表达式时仅考虑大支撑倾角近似等于小支撑倾角的情况。另外，对于对边简支对边自由的矩形薄板，屈曲临界荷载与自由边和简支边的大小关系有关，而薄板模型仅考虑了其中的一种情况。为了使这两种模型适用性更广泛，对这两种模型中的小支撑失效和薄板模型中大支撑弹性屈曲失效时的名义应力公式进行推广。

4.3.1　通用名义应力公式推导

二级层级褶皱结构在压缩荷载或剪切荷载作用下发生失效时，根据失效模式类型不同分为失稳和塑性屈服，两种失效模式发生的区域可能位于大支撑或小支撑。因此，本节分别推导出用大支撑或小支撑的轴力 P_x 表示的名义应力公式。对于不同的失效模式类型，给出相应的 P_x 表达式，即可得到各失效模式对应的名义应力公式。

1）大支撑发生失效时的通用名义应力公式

二级层级褶皱结构单胞在压缩荷载 F_z 和剪切荷载 F_x 作用下的示意图如图4-3所示，将名义应力定义为结构承受的荷载与对应的受力面积的比值。将结构单独作用压缩荷载 F_z 时的名义应力称为名义正应力。将结构单独作用剪切荷载 F_x 时的名义应力称为名义切应力。由图4-3可知，无论结构承受哪种荷载，对应的受力面积均为一对大支撑之间的底端面板的面积。因此，名义正应力和名义切应力分别为：

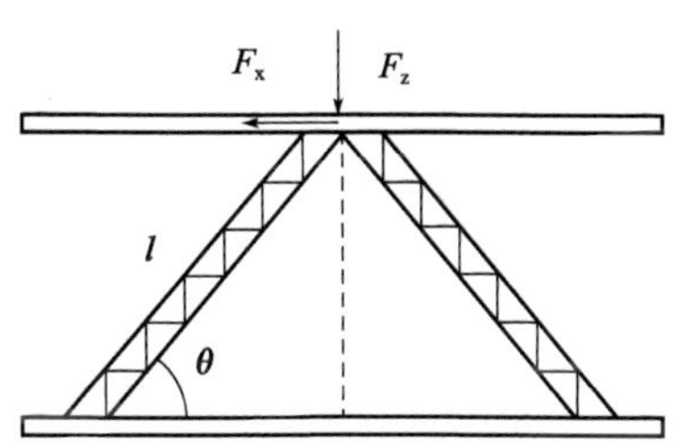

图4-3　二级层级褶皱结构单胞受力图

$$\sigma_{nom}=\frac{F_z}{2bl\cos\theta} \tag{4-9}$$

$$\tau_{nom}=\frac{F_x}{2bl\cos\theta} \tag{4-10}$$

二级层级褶皱结构单胞单独承受压缩荷载或剪切荷载时的受力分析图如图4-4所示，由图4-4可知，在外载作用下，大支撑承受的是面内荷载，因此可将大支撑面板看作承受面内荷载作用的矩形板。假设单个大支撑所受的轴力为 P_x，由于结构对称，则可以用 P_x 分别表示出压缩荷载和剪切荷载：

$$F_z=2P_x\sin\theta \tag{4-11}$$

$$F_x=2P_x\cos\theta \tag{4-12}$$

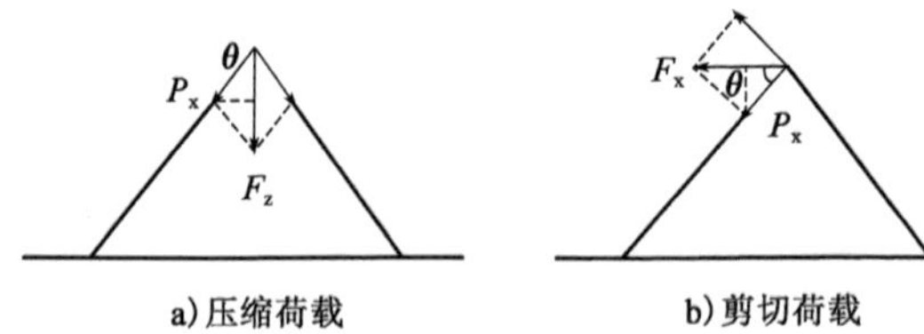

图 4-4 夹芯受力示意图

将式(4-11)、式(4-12)代入式(4-9)、式(4-10),可以得到用大支撑的轴力表示的通用名义应力公式:

$$\sigma_{nom} = \frac{P_x}{bl}\tan\theta \tag{4-13}$$

$$\tau_{nom} = \frac{P_x}{bl} \tag{4-14}$$

2)小支撑发生失效时的通用名义应力公式

为了分析小支撑的失效模式,将大支撑看作一个整体,其受力及变形图如图 4-5所示。在压缩荷载或剪切荷载作用下结构的平衡方程分别为:

$$\frac{F_z}{2} = F_n\sin\theta + F_s\cos\theta \tag{4-15}$$

$$\frac{F_x}{2} = F_n\cos\theta + F_s\sin\theta \tag{4-16}$$

式中:F_z 和 F_x——作用的外载,分别表示压缩荷载和剪切荷载;

F_n 和 F_s——大支撑在外载作用下的轴向压缩分量和剪切分量。

在外载作用下,小支撑上的受力方向仍然是沿面内,此时小支撑也可看作承受面内荷载的矩形板。根据图 4-6 中所示力的平衡关系,大支撑的切向分量和小支撑的面内荷载 P_x 有如下关系:

$$F_s = 2P_x\sin\theta \tag{4-17}$$

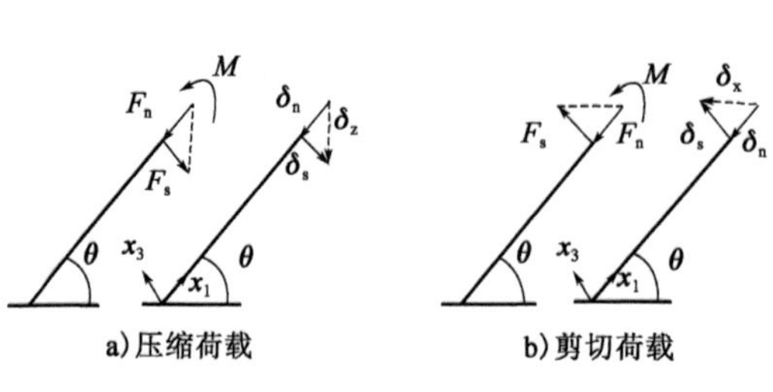

图 4-5 大支撑受力及变形图

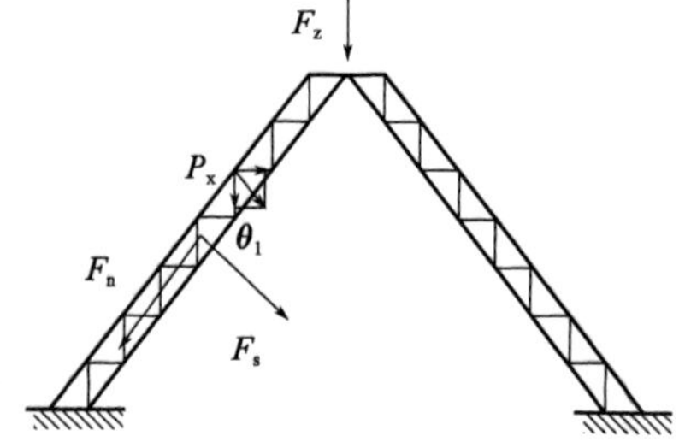

图 4-6 小支撑受力图

在压缩荷载作用下，剪切分量 F_s 和弯矩 M 均可引起大支撑的剪切变形 δ_s，而大支撑的轴向变形 δ_n 只由轴向压缩分量 F_n 的作用产生。因此，大支撑的轴向变形和剪切变形的表达式分别为：

$$\delta_n = \frac{F_n l}{EA} \tag{4-18}$$

$$\delta_s = \frac{F_s l^3}{3EI} - \frac{Ml^2}{2EI} \tag{4-19}$$

式中：δ_n 和 δ_s——两者对应的轴向变形和剪切变形；

M——大支撑所受的弯矩；

E——大支撑的弹性模量；

I——转动惯量；

A——大支撑面板沿 X_2（垂直于纸面）方向的面积。

表达式分别为：

$$I = 2\left[\frac{lt^3}{12} + A\left(\frac{l_1\sin\theta_1}{2}\right)^2\right] \tag{4-20}$$

$$A = 2lt \tag{4-21}$$

弯矩 M 的表达式为：

$$M = \frac{E_s l}{2} \tag{4-22}$$

由大支撑的变形图可知，大支撑轴向变形和切向变形之间的关系为：

$$\frac{\delta_n}{\delta_s} = \tan\theta \tag{4-23}$$

将式(4-20)～式(4-22)带入式(4-18)和式(4-19)，然后联立式(4-23)得到大支撑轴向压缩分量和剪切分量之间的关系式为：

$$\frac{F_n}{F_s} = \left(\frac{l}{l_1}\right)^2 \frac{\tan\theta}{3\sin^2\theta_1} \tag{4-24}$$

如果大支撑的倾角和小支撑的倾角比较接近时，轴向压缩分量和剪切分量之间的关系式可以简化为：

$$\frac{F_n}{F_s} = \left(\frac{l}{l_1}\right)^2 \frac{1}{3\sin\theta\cos\theta}$$

同理，当结构承受剪切荷载时，大支撑轴向变形和切向变形之间的关系变为：

$$\frac{\delta_n}{\delta_s} = \cot\theta \tag{4-25}$$

按照上述步骤，可以求出轴向压缩分量和剪切分量之间的关系式为：

$$\frac{F_{\mathrm{n}}}{F_{\mathrm{s}}}=\left(\frac{l}{l_1}\right)^2\frac{\cot\theta}{3\sin^2\theta_1} \tag{4-26}$$

当大支撑的倾角和小支撑的倾角比较接近时,轴向压缩分量和剪切分量之间的关系式可以简化为:

$$\frac{F_{\mathrm{n}}}{F_{\mathrm{s}}}=\left(\frac{l}{l_1}\right)^2\frac{\cos\theta}{3\sin^3\theta}$$

联立名义应力公式(4-9)、式(4-10)、平衡方程式(4-15)、式(4-16)、大支撑分量和小支撑承受的面内荷载之间的关系式(4-17)以及大支撑两个分量之间的关系式(4-24),则可得到小支撑发生失效时的通用名义应力表达式:

$$\sigma_{\mathrm{nom}}=\frac{2P_{\mathrm{x}}}{bl}\frac{\sin\theta_1}{\cos\theta}\left[\frac{\sin^2\theta}{3\sin^2\theta_1\cos\theta}\left(\frac{l}{l_1}\right)^2+\cos\theta\right] \tag{4-27}$$

$$\tau_{\mathrm{nom}}=\frac{2P_{\mathrm{x}}}{bl}\frac{\sin\theta_1}{\cos\theta}\left[\frac{\cos^2\theta}{3\sin^2\theta\sin\theta_1}\left(\frac{l}{l_1}\right)^2+\sin\theta\right] \tag{4-28}$$

当大支撑的倾角和小支撑的倾角大小接近时,小支撑发生失效时的通用名义应力表达式可简化为:

$$\sigma_{\mathrm{nom}}=\frac{2P_{\mathrm{x}}}{bl}\frac{\sin\theta_1}{\cos\theta}\left[\frac{1}{3\cos\theta}\left(\frac{l}{l_1}\right)^2+\cos\theta\right]$$

$$\tau_{\mathrm{nom}}=\frac{2P_{\mathrm{x}}}{bl}\frac{\sin\theta_1}{\cos\theta}\left[\frac{\cos^2\theta}{3\cos^3\theta}\left(\frac{l}{l_1}\right)^2+\sin\theta\right]$$

4.3.2 基于中厚板的失效模式分析

对于金属构件来说,结构在外载作用下失效的方式包括塑性屈服和屈曲。本书在研究二级层级褶皱结构的失效行为时,不考虑短波失效,仅考虑塑性屈服和宏观的弹性屈曲。由于二级层级褶皱结构单胞的结构形式复杂,失效区域可能发生在不同的构件上。本节考察所有可能发生失效的区域,在不同的失效方式下的失效行为。对于构件的屈曲失效,考虑横向剪切效应对临界荷载的影响,推导出二级层级褶皱结构单胞所有可能发生的失效模式对应的名义应力表达式。

1)大支撑的失效模式

大支撑由面板和小支撑组成,在外载作用下,大支撑面板可能发生塑性屈服和屈曲。另外,整个大支撑也可能由于失稳而失效。为了区分大支撑面板的屈曲失效和整个大支撑的失稳失效,将面板失效称为大支撑弹性褶皱;将整个大支撑结构失效称为大支撑弹性屈曲;将大支撑由于剪切刚度太小而发生的失效称为大支撑剪切屈曲。

(1)大支撑塑性屈服

工程结构中，塑性屈服是金属构件常见的失效方式之一。当大支撑面板的应力达到材料的屈服极限 σ_s 时，结构开始发生塑性应变，将这种失效模式称为大支撑塑性屈服。该失效模式发生时的名义正应力和名义切应力表达式见式(3-17)、式(3-18)。

(2)大支撑剪切屈曲

在外部荷载作用下，大支撑作为一个整体由于剪切刚度过低而发生失效，将这种失效模式称为大支撑剪切屈曲。该失效模式发生时，得到大支撑剪切屈曲对应的名义正应力和名义切应力表达式见式(3-19)、式(3-20)。

(3)大支撑弹性屈曲

大支撑作为一个整体还可能由于失稳而失效，此时大支撑承受的面内荷载等于屈曲临界荷载。虽然二级层级褶皱结构单胞中的大支撑和顶端、底端面板是固结的，但是由于大支撑的夹芯对剪切变形的贡献很小，因此可以把边界条件看作对边简支另一对边自由，进而转化为求解夹层板的弹性屈曲问题。先将挠度和位移假设成三角函数的形式，将二者代入弹性屈曲基本方程式；然后利用边界条件，将问题转换为求解非线性方程组；最后利用方程有非零解的条件是系数行列式等于零，得到了关于屈曲临界荷载 P_{cr} 的超越方程式(3-13)，以及大支撑弹性屈曲对应的名义正应力和名义切应力表达式(3-23)、式(3-24)。

(4)大支撑弹性褶皱

在外部荷载作用下，大支撑不仅可能作为一个整体发生弹性屈曲，而且当其面板承受的面内荷载达到屈曲临界荷载时，结构可能发生局部失稳而失效，将这种失效模式称为大支撑弹性褶皱。这种失效模式发生的区域实际上是位于两个小支撑之间的大支撑面板，因此问题转换为求解对边简支对边自由的矩形中厚板的屈曲问题。利用4.2节中推导的关于临界荷载 P_{cr} 的超越方程式(4-8)，分别代入式(4-13)、式(4-14)，得到大支撑弹性褶皱对应的名义正应力和名义切应力表达式：

$$\sigma_{nom} = \left(\frac{2P_{cr}}{l}\right)\tan\theta \tag{4-29}$$

$$\tau_{nom} = \frac{2P_{cr}}{l} \tag{4-30}$$

2)小支撑的失效模式

在外载作用下，小支撑同样可能发生塑性屈服和弹性屈曲两种失效模式。

同理,将小支撑发生失效时承受的面内荷载代入小支撑失效时的名义应力公式,即可求得不同的失效模式对应的名义应力公式。

(1)小支撑塑性屈服

当小支撑的应力达到材料的屈服极限 σ_s 时,结构开始进入塑性,此时可以用屈服极限表示出小支撑的面内荷载 P_x,即:

$$P_x = \sigma_s b t_1$$

将 P_x 分别代入式(4-27)、式(4-28),得到小支撑塑性屈服对应的名义正应力和名义切应力表达式:

$$\sigma_{nom} = 2\sigma_s\left(\frac{t_1}{l}\right)\frac{\sin\theta_1}{\cos\theta}\left[\frac{\sin^2\theta}{3\sin^2\theta_1\cos\theta}\left(\frac{l}{l_1}\right)^2 + \cos\theta\right] \tag{4-31}$$

$$\tau_{nom} = 2\sigma_s\left(\frac{t_1}{l}\right)\frac{\sin\theta_1}{\cos\theta}\left[\frac{\cos^2\theta}{3\sin^2\theta\sin\theta_1}\left(\frac{l}{l_1}\right)^2 + \sin\theta\right] \tag{4-32}$$

当大支撑的倾角和小支撑的倾角大小接近时,采用式(4-27)、式(4-28)的简化公式,名义应力分别为:

$$\sigma_{nom} = 2\sigma_s\left(\frac{t_1}{l}\right)\frac{\sin\theta_1}{\cos\theta}\left[\frac{1}{3\cos\theta}\left(\frac{l}{l_1}\right)^2 + \cos\theta\right]$$

$$\tau_{nom} = 2\sigma_s\left(\frac{t_1}{l}\right)\frac{\sin\theta_1}{\cos\theta}\left[\frac{\cos^2\theta}{3\sin^3\theta}\left(\frac{l}{l_1}\right)^2 + \sin\theta\right]$$

(2)小支撑弹性屈曲

小支撑发生弹性屈曲时,仍然可以简化为对边简支对边自由的矩形中厚板的屈曲问题进行求解。利用4.2节中推导的关于临界荷载 P_{cr} 的超越方程式,分别代入式(4-27)、式(4-28),得到小支撑弹性屈曲对应的名义正应力和名义切应力表达式分别为:

$$\sigma_{nom} = \frac{2P_{cr}}{l}\frac{\sin\theta_1}{\cos\theta}\left[\frac{\sin^2\theta}{3\sin^2\theta_1\cos\theta}\left(\frac{l}{l_1}\right)^2 + \cos\theta\right] \tag{4-33}$$

$$\tau_{nom} = \frac{2P_{cr}}{l}\frac{\sin\theta_1}{\cos\theta}\left[\frac{\cos^2\theta}{3\sin^2\theta\sin\theta_1}\left(\frac{l}{l_1}\right)^2 + \sin\theta\right] \tag{4-34}$$

当大支撑的倾角和小支撑的倾角大小接近时,名义正应力和名义切应力分别为:

$$\sigma_{nom} = \frac{2P_{cr}}{l}\frac{\sin\theta_1}{\cos\theta}\left[\frac{1}{3\cos\theta}\left(\frac{l}{l_1}\right)^2 + \cos\theta\right]$$

$$\tau_{nom} = \frac{2P_{cr}}{l}\frac{\sin\theta_1}{\cos\theta}\left[\frac{\cos^2\theta}{3\sin^3\theta}\left(\frac{l}{l_1}\right)^2 + \sin\theta\right]$$

4.3.3 梁模型、薄板模型公式推广

Kooistra[5]和方耀楚[16-18]分别采用梁模型和薄板模型分析二级层级褶皱结构的失效模式时,考虑到45°结构的抗剪性能最好,是工程中常用的参数,假设大支撑的倾角和小支撑的倾角近似相等。如果仅仅考虑二者相等,不仅会大大降低理论公式的普适性,而且还会带来一定的误差。另外,四边简支四边自由的矩形薄板发生弹性屈曲时,其屈曲临界荷载表达式与自由边和简支边的大小不同有关,而薄板模型仅考虑了其中的一种情况。当自由边的长度大于简支边的长度时,屈曲临界荷载表达式为:

$$P_{cr}=\frac{\pi^2 Et^3}{12l^2}\left[1+\frac{2\nu^2-1}{2(1-\nu^2)}\frac{b}{l}\right] \tag{4-35}$$

当自由边的长度小于简支边的长度时,屈曲临界荷载表达式为:

$$P_{cr}=\frac{\pi^2 Et^3}{12l^2}\left[\frac{1}{1-\nu^2}-\frac{\nu^2}{2(1-\nu^2)}\frac{l}{b}\right] \tag{4-36}$$

对于薄板模型,本节利用4.3.1节推导的小支撑的通用名义应力,考虑以上两个问题,将大支撑和小支撑发生失效时的名义应力公式进行推广。当二级层级褶皱结构的板宽与板长的比值在1~4之间时,各个构件可以简化为矩形板。另外,当厚度与宽度的比值较小时,可以看作薄板。将式(4-35)、式(4-36)分别代入式(4-13)、式(4-14),得到大支撑弹性褶皱对应的名义正应力和名义切应力表达式。

当自由边的长度大于简支边的长度时,则:

$$\sigma_{nom}=\frac{\pi^2 Et^3\tan\theta}{24ll_1^2\cos^2\theta_1}\left[1+\frac{2\nu^2-1}{4(1-\nu^2)}\frac{b}{l_1\cos\theta_1}\right] \tag{4-37}$$

$$\tau_{nom}=\frac{\pi^2 Et^3}{24ll_1^2\cos^2\theta_1}\left[1+\frac{2\nu^2-1}{4(1-\nu^2)}\frac{b}{l_1\cos\theta_1}\right] \tag{4-38}$$

当自由边的长度小于简支边的长度时,则:

$$\sigma_{nom}=\frac{\pi^2 Et^3\tan\theta}{24ll_1^2\cos^2\theta_1}\left[\frac{1}{1-\nu^2}-\frac{\nu^2}{1-\nu^2}\frac{l_1\cos\theta_1}{b}\right] \tag{4-39}$$

$$\tau_{nom}=\frac{\pi^2 Et^3}{24ll_1^2\cos^2\theta_1}\left[\frac{1}{1-\nu^2}-\frac{\nu^2}{1-\nu^2}\frac{l_1\cos\theta_1}{b}\right] \tag{4-40}$$

将式(4-35)、式(4-36)代入式(4-27)、式(4-28),得到小支撑弹性屈曲对应的名义正应力和名义切应力表达式。

当自由边的长度大于简支边的长度时，则：

$$\sigma_{\text{nom}} = \frac{\pi^2 E t_1^3 \sin\theta_1}{6 l l_1^2 \cos\theta (1-\nu^2)} \left[1 + \frac{2\nu^2 - 1}{2(1-\nu^2)} \frac{b}{l_1}\right] \left[\frac{\sin^2\theta}{3\sin^2\theta_1 \cos\theta}\left(\frac{l}{l_1}\right)^2 + \cos\theta\right] \tag{4-41}$$

$$\tau_{\text{nom}} = \pi^2 E \frac{\sin\theta_1}{\cos\theta} \frac{t_1^3}{6 l l_1^2}\left[1 + \frac{2\nu^2 - 1}{2(1-\nu^2)} \frac{b}{l_1}\right]\left[\left(\frac{l}{l_1}\right)^2 \frac{\sin\theta}{3\sin^2\theta_1} + \sin\theta\right] \tag{4-42}$$

当自由边的长度小于简支边的长度时，则：

$$\sigma_{\text{nom}} = \frac{\pi^2 E t_1^3 \sin\theta_1}{6 l l_1^2 \cos\theta (1-v^2)}\left[\cos\theta + \frac{1}{3\cos\theta}\left(\frac{l}{l_1}\right)^2\right]\left(1 + \frac{l_1}{2b}\right) \tag{4-43}$$

$$\tau_{\text{nom}} = \pi^2 E \frac{\sin\theta_1}{\cos\theta} \frac{t_1^3}{6 l l_1^2}\left[\frac{1}{1-v^2} - \frac{v^2}{2(1-v^2)} \frac{l_1}{b}\right]\left[\left(\frac{l}{l_1}\right)^2 \frac{\sin\theta}{3\sin^2\theta_1} + \sin\theta\right] \tag{4-44}$$

当二级层级褶皱结构的板宽与板长的比值小于 1 时，各个构件可以简化为梁。小支撑弹性屈曲可以采用欧拉梁理论求解，此时将作用在小支撑上的临界荷载为：

$$P_{\text{cr}} = \frac{\pi^2 E r_1^3}{12 l_1^2} \tag{4-45}$$

分别代入式(4-27)、式(4-28)，得到小支撑弹性屈曲对应的名义正应力和名义切应力表达式：

$$\sigma_{\text{nom}} = \left(\frac{t_1}{l}\right)^3 \left(\frac{l_1}{l}\right)^2 \frac{2E\pi^2 \cos\theta_1}{3\cos\theta}\left[\frac{\sin^2\theta}{3\sin^2\theta_1 \cos\theta}\left(\frac{l}{l_1}\right)^2 + \cos\theta\right] \tag{4-46}$$

$$\tau_{\text{nom}} = \left(\frac{t_1}{l}\right)^3 \left(\frac{l_1}{l}\right)^2 \frac{2E\pi^2 \cos\theta_1}{3\cos\theta}\left[\left(\frac{l}{l_1}\right)^2 \frac{\sin\theta}{3\sin^2\theta} + \sin\theta\right] \tag{4-47}$$

当二级层级褶皱结构发生小支撑塑性屈服这种失效模式时，小支撑承受的面内荷载与结构的形式无关。因此，当大支撑倾角不等于小支撑倾角时，小支撑的名义应力公式与中厚板模型中的公式是一致的。

4.4 有限元结果验证

4.4.1 有限元建模方式讨论

为了保证有限元结果的精度，首先按对单元类型、边界条件及荷载的施加方式以及壳模型的建模方式进行讨论。

（1）ABAQUS 单元库中，可以用来模拟中厚板，即考虑横向剪切变形的单元类型有通用壳单元（General-purpose）、仅适用于厚壳的单元（Thick-only）和实体单元（Solid）。隐式分析（Standard）中，上述单元均适用，区别如下：通用壳单元可以考虑有限的膜应变和任意大转动；仅适用于厚壳的单元只考虑了小应变；实体单元没有引入任何板壳理论的假设如中性面假设、直法线假设等，直接进行计算。显示动力分析中的单元一般使用通用壳单元和实体单元。实体单元又包括完全积分和减缩积分。其中，完全积分单元是指当单元具有规则形状时，所用的高斯积分点的数目足以对单元刚度矩阵中的多项式进行精确积分；减缩积分单元比完全积分单元在每个方向上少用一个积分点。在求解中厚板时，剪切自锁（Shear Locking）现象经常会对结果造成较大影响。为了考察这种现象对显示分析结果的影响，构造有限元模型，如图 4-7 所示，分别采用通用壳单元 S4 和 S4R、线性实体单元 C3D8 和 C3D8R 进行计算。字母 R 表示减缩积分，在弯曲荷载下不易产生剪切自锁。

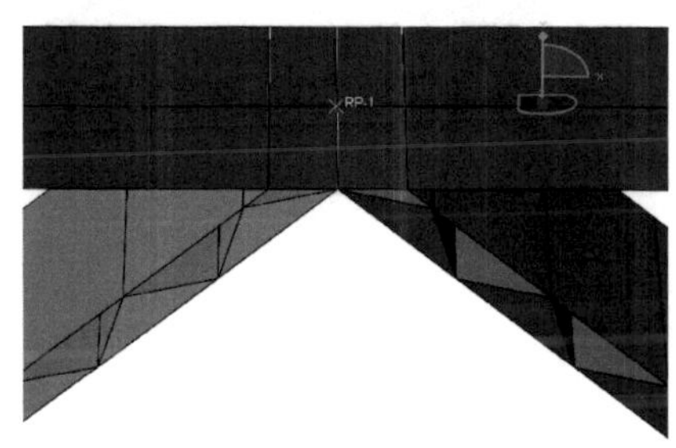

a）通用壳单元

b）实体单元

图 4-7　二级层级褶皱结构单胞有限元模型

在顶端面板中心施加单位向下的压缩荷载，固定底端面板。采用 Buckle 计算线性屈曲荷载。从位移云图（图 4-8）可以发现：采用实体单元 C3D8 的模型发生了整体屈曲，另外 3 个模型屈曲的区域均是大支撑面板，属于局部屈曲。采用壳单元的模型的屈曲临界荷载是 31.920kN、31.916kN，而采用实体单元的模型屈曲临界荷载分别是 387.978kN、35.132kN。对于实体单元来说，如果不考虑减缩积分，“剪切自锁”现象非常严重，结果出现较大误差；即使考虑减缩积分，与壳单元的结果仍然有差异。另外，实体单元模型的计算时间约是壳单元模型的 3 倍。对于壳单元来说，考虑减缩积分在一定程度上可以削弱剪切自锁。因此，对于后续计算中的中厚板问题，采用既能模拟薄壳、厚壳，而且计算效率较高的通用壳单元 S4R。

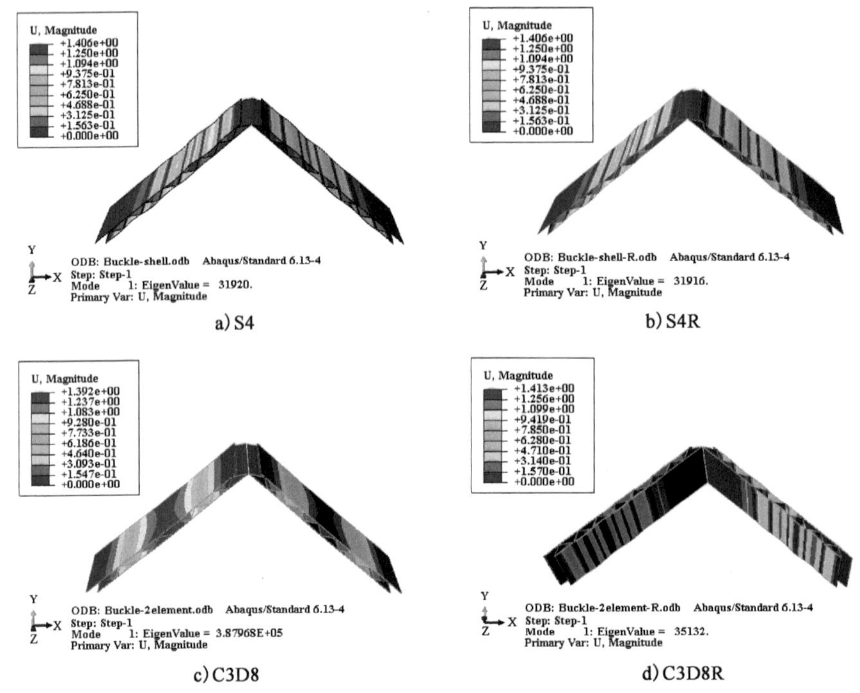

图 4-8　不同单元类型的有限元模型的位移云图

(2)为了考察表面板与参考点的自由度耦合方式(图 4-9)对线性屈曲结果的影响,施加荷载和边界条件时采用 3 种处理方式,对应模型 1 ~ 3:

①边界条件。底端面板与参考点刚性耦合,将参考点固支;荷载:将顶端面板与参考点的 6 个自由度耦合,在参考点上施加压缩荷载。

②边界条件。将底端面板的四条边固支;荷载施加与①相同。

③边界条件。与②相同;与前两种情况荷载施加方式不同,仅将顶端面板与参考点的竖直方向的自由度耦合,施加竖直向下的压缩荷载。

上述 3 种模型中,沿小支撑长度方向划分 8 个单元。另增加模型 4,沿小支撑长度方向划分 12 个单元。对比 4 个算例可以发现,模型 1 的屈曲临界荷载 31.92kN,远远大于算例 2(22.23kN)和 3(22.26kN),模型 2、3 的结果几乎一致。这是因为将底端面板与参考点耦合,固支参考点 6 个自由度时也将整个底端面板固定了,而大支撑底边与底端面板是刚性耦合的,其自由度也被固定。所以,应采用模型 2 中的边界条件施加方式。模型 2、3 的结果相同,说明顶端面板与加载点的自由度耦合方式对结果没有影响。模型 4 屈曲临界荷载为

21.76kN,与模型2、3的结果相差也很小,说明小支撑长度方向划分8个单元结果即可收敛,过多划分单元还会导致计算效率降低。

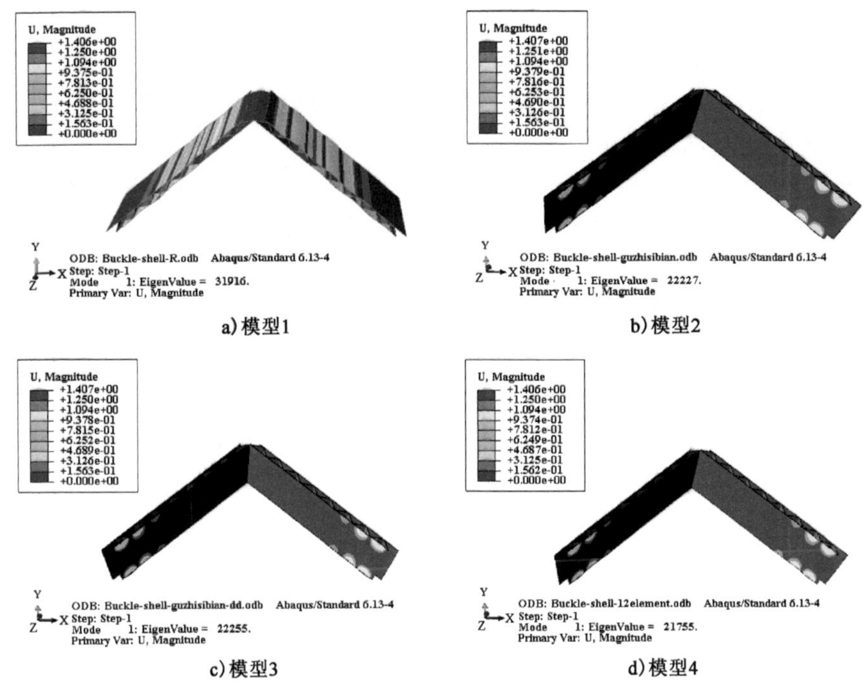

a) 模型1　b) 模型2

c) 模型3　d) 模型4

图4-9　采用不同耦合方式时的位移云图

(3)对于大支撑,采用壳单元建立有限元模型时,有两种建模方式:一种是显示单元厚度并保证小支撑之间的连续性,采用图4-10中粗实线建立夹芯;另一种是不显示单元厚度,小支撑采用中面建模,如图4-10中粗虚线所示。第一种建模方式对结构的失效模式类型并没有影响,但是由于忽略了小支撑的厚度,整个大支撑的长度比真实模型短,计算得到的名义应力值存在较大误差。因此,本章采用小支撑中面建模的方式。

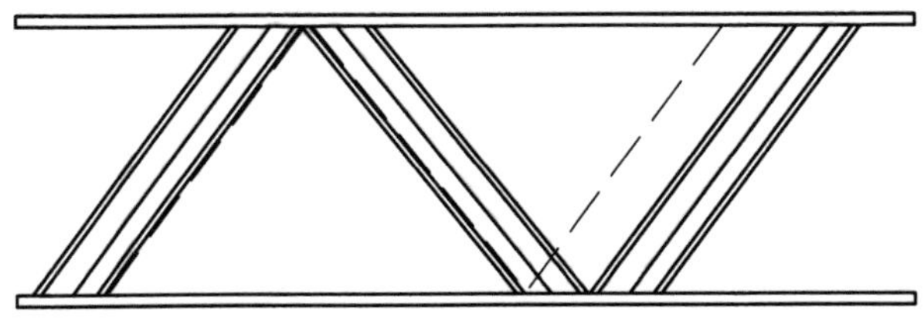

图4-10　两种建模方式

4.4.2 中厚板理论值与有限元结果对比

通过本章 4.3 节的分析,二级层级褶皱结构在压缩或剪切荷载下可能发生 6 种失效模式,并推导了各自对应的名义应力公式。为了验证各名义应力公式的准确性,本节选取不同的尺寸参数,构造 6 种二级层级褶皱结构模型,分别采用有限元软件 Abaqus 和中厚板模型理论公式计算各名义应力值。6 种模型首次发生的失效模式类型分别为大支撑塑性屈服、大支撑剪切屈曲、大支撑弹性屈曲、大支撑弹性褶皱、小支撑塑性屈服和小支撑弹性屈曲。

采用有限元软件计算名义应力值时,需要根据失效模式类型选取适当的分析方式、合理的施加荷载及边界条件。通过前文的算例对比,得到了二级层级褶皱结构线性屈曲分析时的荷载及边界条件的施加方式,如图 4-11a)所示。其荷载条件:在顶端面板的中心建立参考点,将参考点 6 个方向的自由度与顶端面板耦合,在参考点上施加荷载。边界条件:将底端面板的四边固支。对于线性屈曲问题来说,可以采用 Buckle(特征值屈曲分析)算法计算,得到结构的一阶特征值乘以所施加荷载即结构的最大承载能力。为了计算方便,本书中所有采用 Buckle 算法的算例,所加荷载大小均为 1。对于塑性屈服和剪切屈曲问题如图 4-11b)所示,可以采用显式动力学算法,将问题转化为准静态问题。本书中采用该算法的算例均在顶端参考点处施加位移荷载。计算完成后得到首次失效时对应的极限荷载,进而采用式(4-9)、式(4-10)求解各模型对应的有限元理论值。

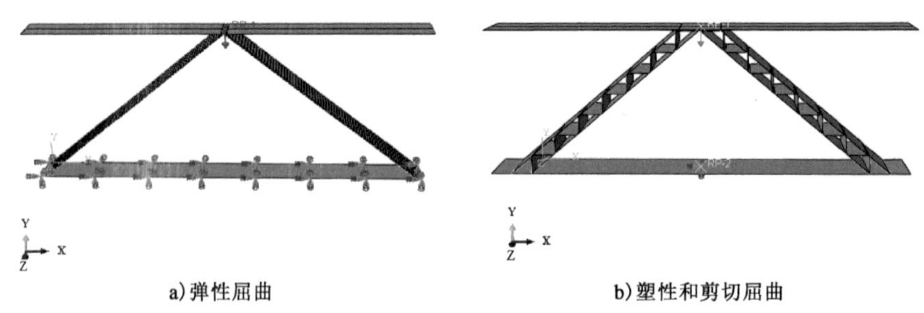

a)弹性屈曲　　b)塑性和剪切屈曲

图 4-11　荷载及边界条件

对于本章构建的二级层级褶皱结构模型,小支撑的长度均为 50mm,大支撑与上下面板的夹角以及小支撑与大支撑之间的夹角均为 45°。材料使用铝合金 6061-T6,弹性模量 $E = 69\text{GPa}$,屈服应力 $\sigma_Y = 250\text{MPa}$,泊松比 $\nu = 0.3$,屈服应变 $\varepsilon_Y = 0.002$。所有模型均给出了大支撑的厚度与长度的比值、小支撑的厚度与长度的比值以及小支撑的长度与大支撑的长度的比值,进而由以上数据可以确定各尺寸参数的大小,见表 4-1。另外,该表还给出了由有限元方法计算得到的各模型首次失效时对应的极限荷载、分别由有限元方法和中厚板模型理论公式得到的名义应力值。

6 种模型的尺寸参数及由有限元、中厚板模型计算的名义应力值 表 4-1

模型	t/l	t_1/l_1	l_1/l	b	n	极限荷载(kN)	名义应力(MPa)		误差(%)
							有限元	中厚板	
A_1	0.01	0.1	0.1	152	7	442.71	4.16	4.21	1.2
B_1	0.03	0.035	0.02	800	35	41799.5	14.93	16.12	7.9
C_1	0.005	0.1	0.01	800	70	3099.6	0.55	0.59	7.3
D_1	0.02	0.1	0.12	152	5	1655.3	18.15	19.12	5.3
E_1	0.01	0.01	0.1	152	7	2484.7	23.34	24.15	3.5
F_1	0.05	0.06	0.16	152	4	5751.7	86.01	89.63	4.2

对于模型 A_1,计算完成后绘制结构的位移-荷载(支反力)曲线如图 4-12 所示,在加载的初始时刻,该曲线近似是一条直线。随着位移荷载的增大,出现了拐点(图中虚线对应的点),支反力增大的速率降低,但是支反力仍在增大,结构仍然具有承载能力。拐点对应的时刻就是结构首次发生失效的时刻,对应的支反力大小为 442.71kN。

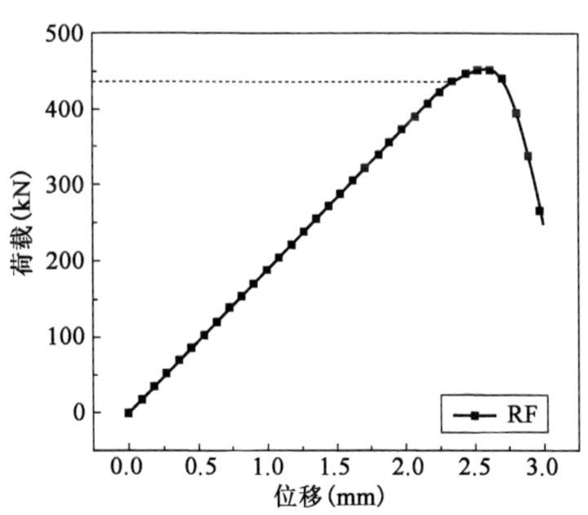

图 4-12 模型 A_1 的荷载-位移曲线

为了判断该模型首次失效的类型,提取拐点前后时刻的 Mises 应力云图(图 4-13)和等效塑性应变云图(图 4-14)。由于夹芯是本章关注的对象,所以图中隐去了上下面板,仅显示了夹芯。同时,为方便观察大支撑和小支撑的结果,图中左侧夹芯仅显示大支撑,右侧夹芯仅显示小支撑。从 Mises 应力云图可以明显发现,位于夹芯中上部的大支撑上的 Mises 应力远大于其他区域的应力,该区域可能就是首次失效的区域。从等效塑性应变云图可知,在拐点前一时刻,整个结构除了大支撑与顶端、底端面板连接的局部区域由于应力集中发生了少量屈服,整体并未进入塑性;在拐点后一时刻,两个小支撑之间的大支撑面板开始进入屈服,说明此时发生的失效模式类型为大支撑塑性屈服,对应的极限荷载大小为442.71kN。采用式(4-9)、式(4-10)计算得到结构的名义正应力值为4.16MPa,而采用中厚板模型得到的理论解为4.21MPa,两种方法得到的结果仅相差1.2%。

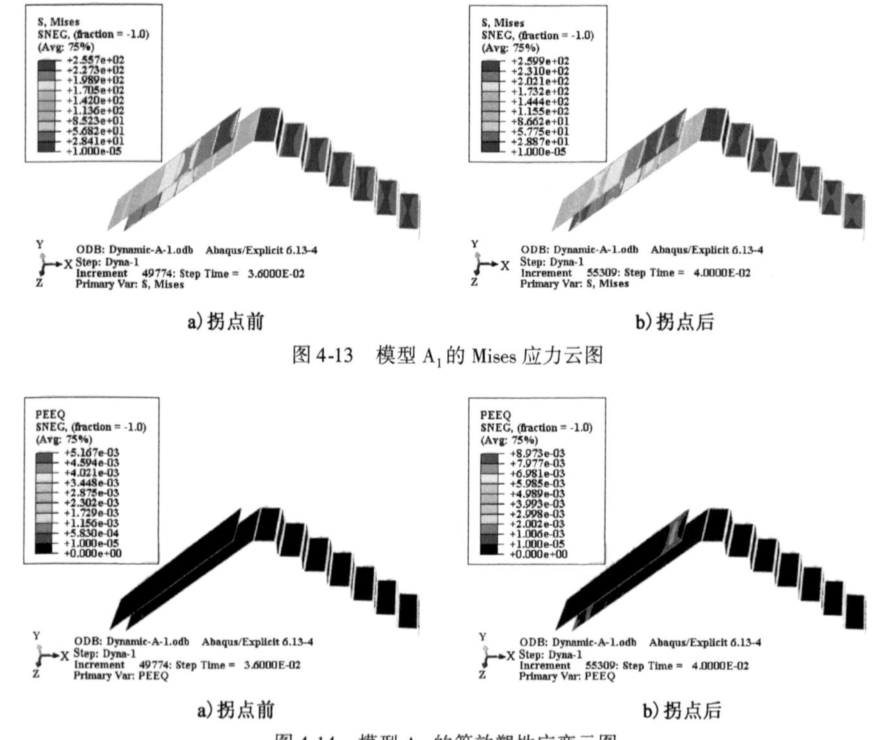

a)拐点前　　b)拐点后

图4-13　模型 A_1 的 Mises 应力云图

a)拐点前　　b)拐点后

图4-14　模型 A_1 的等效塑性应变云图

模型 B_1 仍然采用动力学算法计算得到结构的位移-荷载曲线(图4-15),同样从曲线中得到一个拐点。在拐点未出现之前,结构的支反力呈线性增大;当拐点出现之后,支反力增大幅度减小,直至接近一个稳定值。从结构的 Mises 应力云图(图4-16)中可以发现,在拐点未出现之前,靠近顶端面板的大支撑和小支撑上的 Mises 应力值较大;当拐点出现后,靠近上下两端面板的大支撑和小支撑上的 Mises 应力值较大,中部区域较小,结构发生了大支撑剪切屈曲。拐点对应的支反力大小为41799.5kN,采用式(4-9)、式(4-10)计算得到结构的名义正应力值为 14.93MPa,而采用中厚板模型得到的理论解为 16.12MPa,两种方法得到的结果相差 7.9%。

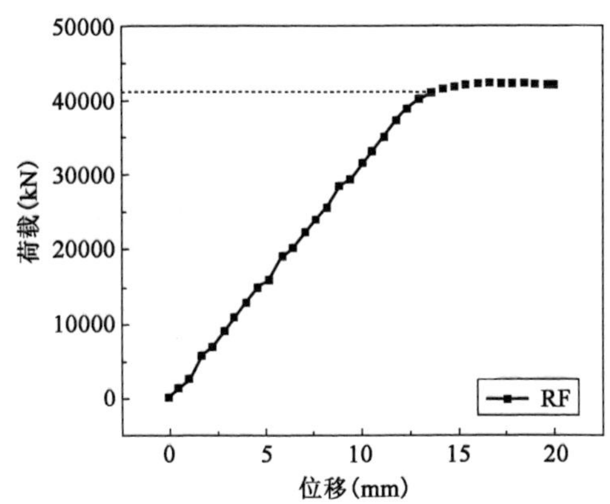

图 4-15 模型 B_1 的荷载-位移曲线

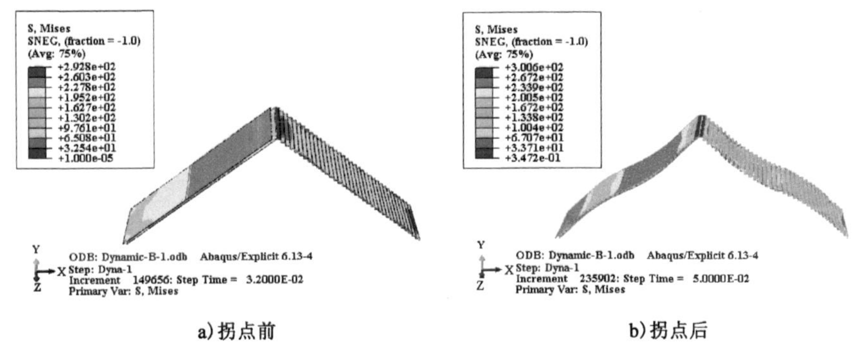

a)拐点前　　b)拐点后

图 4-16 模型 B_1 的 Mises 应力云图

大支撑弹性屈曲是由于整个夹芯的轴力达到其屈曲临界荷载时而发生的失效模式,因此模型 C_1 采用 Buckle 算法计算。采用该算法分析时,第一阶特征值乘以所施加荷载的大小即屈曲临界荷载。由第一阶特征值对应的位移云图(图 4-17)可以发现,此时结构屈曲的区域是顶端面板,并不是大支撑夹芯;第二阶特征值对应的屈曲区域才是大支撑夹芯。因此,模型 C_1 发生线性屈曲时的屈曲临界荷载值时对应第二阶特征值,大小为 3099.6kN。采用式(4-9)、式(4-10)计算得到结构的名义正应力值为 0.55MPa,而采用中厚板模型得到的理论解为 0.59MPa,两种方法得到的结果相差 7.3%。

模型 D_1 首次失效的模式是大支撑弹性褶皱,采用 Buckle 算法计算。第一阶特征值对应的屈曲区域仍然发生在顶端面板,第二阶特征值对应的屈曲区域才是大支撑,对应结构的屈曲临界荷载,大小为1655.3kN(图4-18),采用式(4-9)、式(4-10)计算得到结构的名义正应力值为18.15MPa,而采用中厚板模型得到的理论解为19.12MPa,两种方法得到的结果相差5.3%。

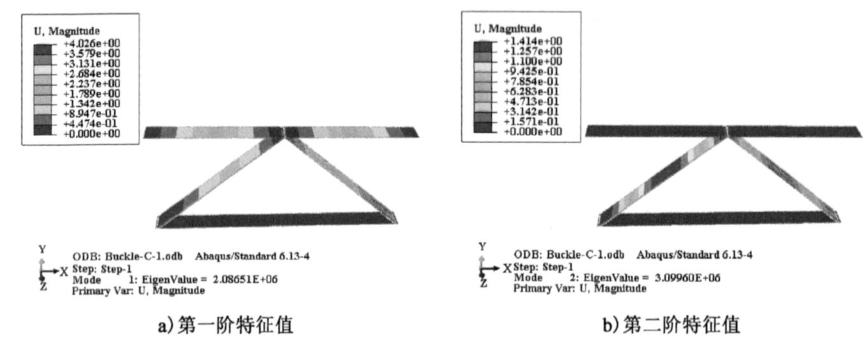

a)第一阶特征值 b)第二阶特征值

图4-17 模型C_1的位移云图

模型E_1采用显示动力学方法分析,计算完成后得到结构的位移-荷载曲线(图4-19)。从拐点前后时刻的Mises应力云图(图4-20)可以明显发现,位于夹芯中部的小支撑上的Mises应力远远大于大支撑的。由等效塑性应变云图(图4-21)可知,在曲线上的拐点前一时刻,整个夹芯除了连接区域由于应力集中发生了少量屈服,整体并未进入塑性;进入拐点的后一时刻,位于夹芯中上部的小支撑开始进入塑性,结构首次发生的失效模式是小支撑塑性屈服。拐点是结构的初始失效点,对应的支反力即极限荷载值大小为2484.7kN,采用式(4-9)、式(4-10)计算得到结构的名义正应力值为23.34MPa,而采用中厚板模型得到的理论解为24.15MPa,两种方法得到的结果相差3.5%。

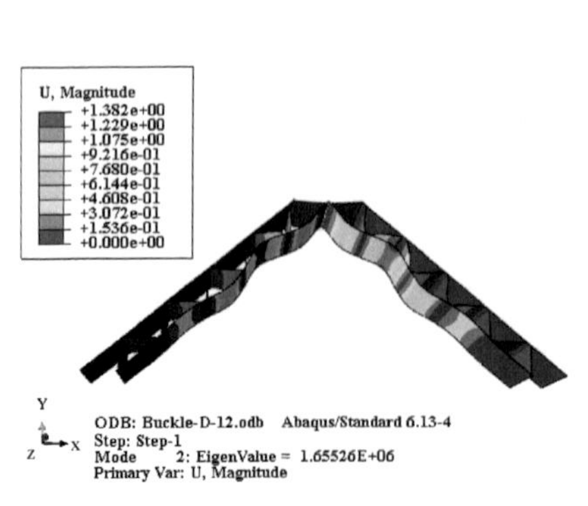

图4-18 模型D_1的位移云图

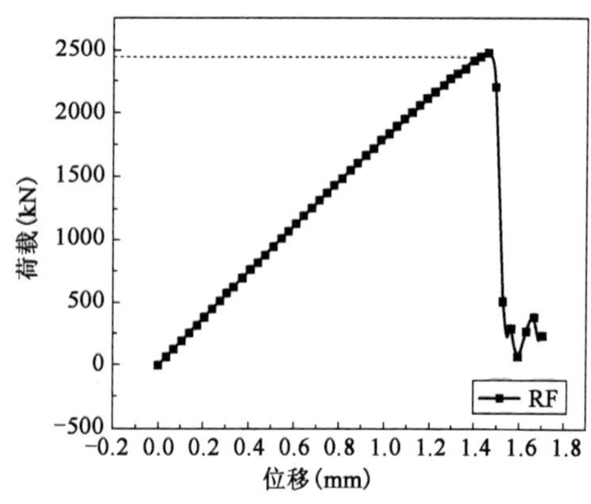

图4-19 模型E_1的荷载-位移曲线

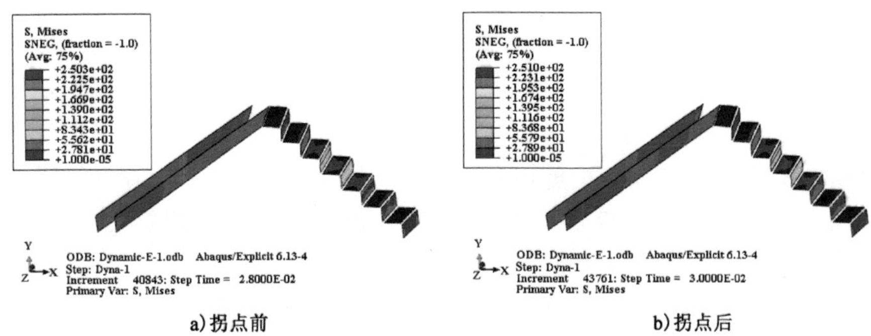

a)拐点前　　　　b)拐点后

图 4-20　模型 E_1 的 Mises 应力云图

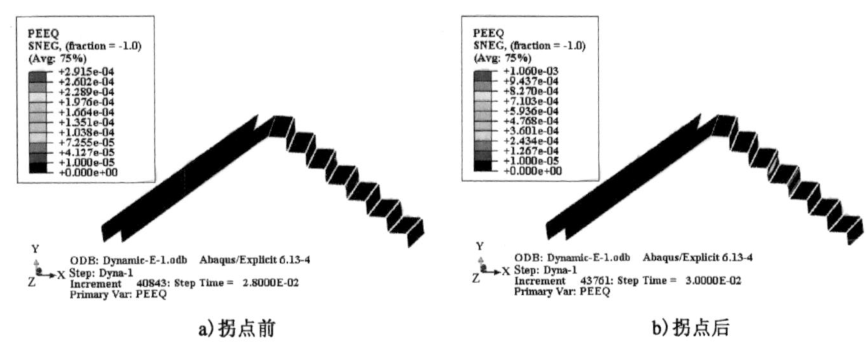

a)拐点前　　　　b)拐点后

图 4-21　模型 F_1 的等效塑性应变云图

模型 F_1 首次发生的失效模式为小支撑弹性屈曲，采用 Buckle 算法计算得到小支撑发生线性屈曲时对应的极限荷载为 −5751.7kN(图 4-22)，负号表示与所施加的荷载的方向相反。采用式(4-9)、式(4-10)计算得到结构的名义正应力值为 86.01MPa，而采用中厚板模型得到的理论解为 89.63MPa，两种方法得到的结果相差 4.2%。

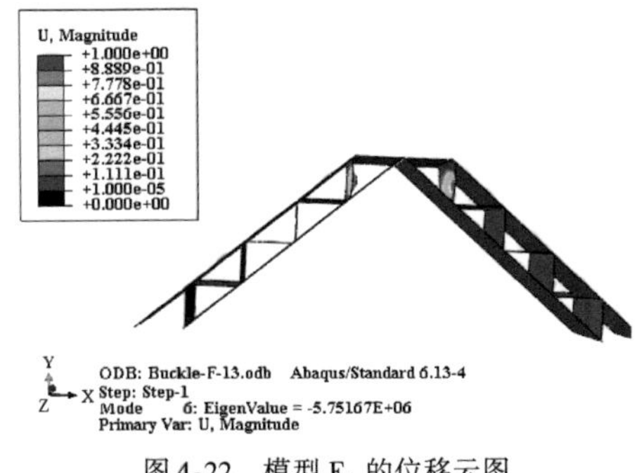

图 4-22　模型 F_1 的位移云图

4.5 中厚板模型与薄板模型结果对比

对比薄板模型,本书提出的中厚板模型其改进之处在于当板的厚度与宽度的比值较大时,可以考虑横向剪切变形对屈曲临界荷载的影响。在计算板的弹性屈曲问题时,板的厚度与宽度的比值在什么范围时需要考虑横向剪切变形并没有确定的结论。《弹性力学》[58]中一般将二者的比值大于0.2时作为薄板和厚板的分界线,ABAQUS商业软件区分薄壳和厚壳的范围是1/15。但是对于许多具体问题,在比值小于0.2时基于薄板理论得到的屈曲荷载值已经远远被高估,即需要考虑横向剪切变形。为了验证中厚板模型的改进效果,构建不同厚度的模型,分别采用中厚板模型和薄板模型得到算例的理论解,然后,与有限元计算结果进行对比,验证两组模型的精度并得到中厚板模型的适用范围。

4.5.1 两种模型的理论解对比

在二级层级褶皱结构的6种失效模式中,大支撑弹性褶皱和小支撑弹性屈曲是由于局部构件的轴力达到其屈曲临界荷载而发生的失稳破坏,这两种失效模式与板的厚度与宽度的比值有较大的关系。因此,分别构建首次发生的失效模式是大支撑弹性褶皱和小支撑弹性屈曲两组算例(表4-2),每组算例中又包含5组不同厚度与宽度比值的模型。

算例1中的5组模型,宽度均为152mm,材料仍使用铝合金6061-T6。小支撑的长度均为50mm,大支撑夹角和小支撑夹角均为45°,小支撑的厚度均为5mm。因为该5组模型首次发生的失效模式均为大支撑弹性褶皱,所以大支撑的厚度取不同值即可满足区分薄板或厚板的条件。另外,该失效模式对应的区域是两个小支撑之间的大支撑面板,大支撑的厚度与两个小支撑之间的大支撑面板的长度之比分别为0.05、0.075、0.1、0.125和0.15,见表4-2。

算例1中的尺寸参数以及由薄板模型和中厚板模型得到的理论值 表4-2

模型	t/l	$t/(2*l_1\cos\theta_1)$	t_1/l_1	l_1/l	n	薄板模型	中厚板模型
D_{11}	0.008	0.05	0.1	0.12	5	3.84	3.81
D_{12}	0.012	0.075	0.1	0.12	5	10.8	10.74
D_{13}	0.016	0.1	0.1	0.12	5	23.61	20.12
D_{14}	0.021	0.125	0.1	0.12	5	50.02	37.47
D_{15}	0.025	0.15	0.1	0.12	5	86.32	58.62

注:n为单胞个数,最右边两列为基于不同模型的名义应力理论值,单位为MPa。

所有模型均施加轴压荷载，基于两种板模型分别得到名义正应力值。由表4-2可知，对于模型 D_{11} 和 D_{12}，两种板模型得到的理论解非常接近，差别小于1%。从模型 D_{13}、D_{14}、D_{15}，由薄板模型得到的理论解与中厚板模型的差异越来越大，分别为14.7%、25.1%和32.1%。另外，所有模型中由薄板模型得到的理论解均大于中厚板模型。算例1中两种模型的理论解对比说明，随着厚度和宽度比值的增加，由薄板模型得到的理论解由于没有考虑横向剪切变形而偏大；当两者的比值较小时，横向剪切变形对屈曲临界荷载影响较小，两种模型得到的理论解较为接近。对于二级层级褶皱结构发生大支撑弹性褶皱失效，当失效构件的厚度与宽度的比值小于0.075时，两种模型的理论解较为接近；当失效构件的厚度与宽度的比值大于0.075时，薄板模型得到的理论解比中厚板模型大。

算例2中的5组模型，宽度均为152mm，材料仍使用铝合金6061-T6。小支撑的长度均为50mm，大支撑夹角和小支撑夹角均为45°。因为该5组模型用来考察小支撑发生弹性屈曲时，厚度与长度的比值对两种模型理论解的影响，所以在小支撑的长度一致的情况下，考虑厚度取不同值，大小分别为1mm、2mm、3mm、4mm和5mm，见表4-3。5组模型中，相比薄板模型，由中厚板模型得到的理论解分别减小0.9%、3.1%、7.8%、13.3%和14.1%。也就是说，当小支撑的厚度与长度的比值小于0.06时，基于两种模型得到的理论解的差异小于10%；当两者的比值大于0.06时，基于两种模型得到的理论解有较大的差异。

算例2中的尺寸参数以及由薄板模型和中厚板模型得到的理论值 表4-3

模型	t/l	t_1/l_1	l_1/l	n	薄板模型	中厚板模型
F_{11}	0.04	0.02	0.16	4	3.36	3.33
F_{12}	0.04	0.04	0.16	4	27.85	26.98
F_{13}	0.04	0.06	0.16	4	97.20	89.63
F_{14}	0.04	0.08	0.16	4	238.04	206.35
F_{15}	0.04	0.1	0.16	4	479.9	412.54

注：同表4-2注。

4.5.2 两种模型的理论解与有限元结果对比

通过4.5.1节的分析，随着板的厚度与宽度比值的增大，两种板模型的理论解的差异也在增大。但是，并不能判定哪一种模型具有更好的精度。本节将4.5.1节的两组算例分别建立有限元模型，采用ABAQUS软件分别计算在压缩荷载和剪切荷载下的屈曲临界荷载;然后采用式(4-9)、式(4-10)计算得到名义应力;最后,将有限元方法得到的名义应力值与基于两种模型得到的名义应力值进行比较,判断两种理论模型的适用范围。

针对算例1和算例2中的10组模型,分别采用有限元软件ABAQUS建立有限元模型,并计算每组模型承受压缩荷载和剪切荷载时的屈曲临界荷载值,见表4-4。

有限元方法、薄板模型及中厚板模型得到的算例1的名义应力值 表4-4

模　　型	有限元极限荷载		名义应力		薄板模型理论值	中厚板模型理论值
	压缩	剪切	压缩	剪切		
D_{11}	351.02	385.8	3.85	4.23	3.84	3.81
D_{12}	915.51	1061.6	10.04	11.64	10.80	10.74
D_{13}	1655.2	1958.2	18.15	21.47	23.61	20.12
D_{14}	2658.6	3185.1	29.16	34.93	50.02	37.47
D_{15}	4630.6	4854.1	50.78	53.23	86.32	58.62

注:极限荷载的单位为kN,名义应力及理论值的单位为MPa。

算例1中的结构发生线性屈曲时的模态如图4-23所示。结构发生屈曲的区域均位于两个小支撑之间的大支撑面板,在压缩荷载作用下左右两个大支撑均会发生屈曲,在剪切荷载下只有一侧的大支撑会发生屈曲。当模型承受压缩荷载时,当大支撑的厚度与两个小支撑之间的大支撑的长度的比值小于0.075时,两种模型均具有较高的精度,误差可以控制在7.5%以内;随着该比值的增大,两种模型的误差均随之增大,但是中厚板模型的误差始终远远小于薄板模型,并且当该比值达到0.1时,中厚板模型的误差仍然在10%以内,而薄板模型的结果已经不准确。当二者的比值大于0.1时,中厚板模型的结果比薄板模型更准确。

当模型承受剪切荷载时,5组模型采用中厚板模型计算的理论解的误差均在10%以内。对于薄板模型来说,模型D_{11}和D_{12}的理论值和由有限元得到的名义应力值较为吻合,误差范围在10%以内。对于模型D_{13}、D_{14}和D_{15},来说基于薄板模型得到的理论解偏差较大,误差甚至会超过50%。

对于大支撑弹性褶皱这种失效模式来说,结构无论承受压缩荷载还是剪切荷载,中厚板模型得到的理论解均具有较好的精度。基于薄板模型得到的理论解,在板的厚度与宽度的比值小于0.075时,具有较好的精度。随着厚度与宽度的比值的增大,误差会随之增大,结果可能不可信。

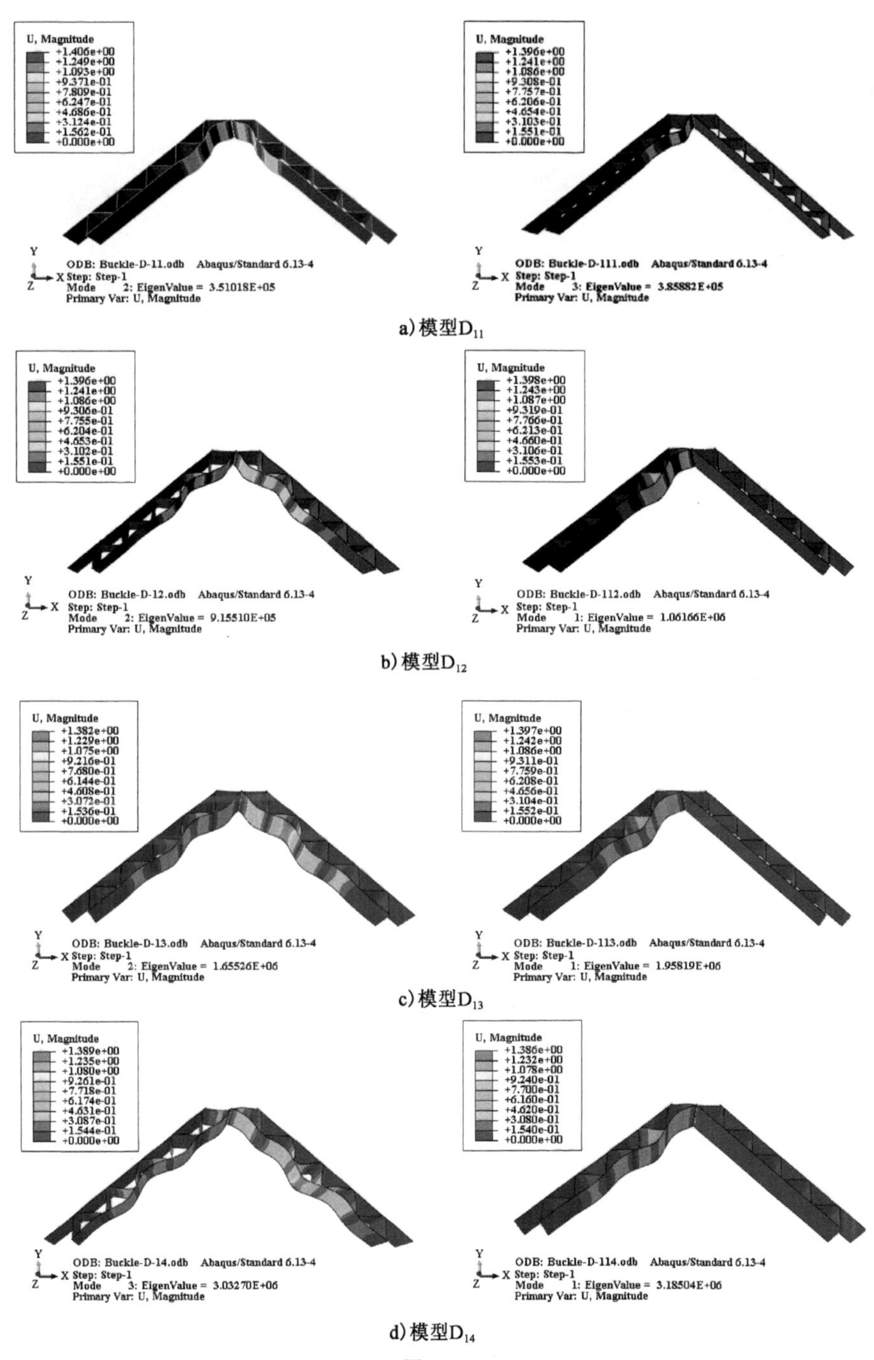

a) 模型D_{11}

b) 模型D_{12}

c) 模型D_{13}

d) 模型D_{14}

图 4-23

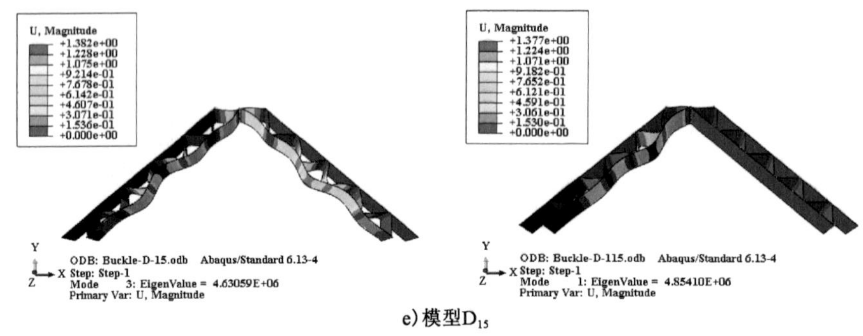

e)模型D_{15}

图 4-23 模型一在压缩(左图)或剪切(右图)荷载作用下的屈曲模态

基于中厚板模型得到的理论公式求解模型 F_{11}、F_{12}和 F_{13}时,结构无论承受压缩荷载还是剪切荷载,由有限元方法得到的名义应力值的误差均在 9% 以内,均具有较好的精度,见表 4-5。基于薄板模型求解模型 F_{11}和 F_{12}时精度较高,误差在 10% 以内;求解模型 F_{13}时压缩和剪切荷载工况下的误差分别达到 12% 和 16%。对于模型 F_{14}和 F_{15},基于两种板模型的理论解与有限元方法结果均存在较大差异,误差均超过 40%。

有限元方法、薄板模型及中厚板模型得到的算例 2 的名义应力值 表 4-5

模型	有限元极限荷载		名义应力		薄板模型		中厚板模型	
	压缩	剪切	压缩	剪切	小支撑弹性屈曲	大支撑弹性褶皱	小支撑弹性屈曲	大支撑弹性褶皱
F_{11}	220.6	238.9	3.30	3.57	3.36		3.33	
F_{12}	1677.7	1882.1	25.09	28.15	27.85		26.98	
F_{13}	5594.7	5776.9	83.67	86.39	97.20		90.63	
F_{14}	9012.3	9449.8	134.8	141.32	238.04	145.39	206.35	143.26
F_{15}	10140.0	10208.0	151.6	152.66	479.90	176.93	412.54	161.54

注:极限荷载的单位为 kN,名义应力及理论值的单位为 MPa。

当结构发生线性屈曲时的模态如图 4-24 所示。对于模型 F_{11}、F_{12}和 F_{13}来说,结构发生屈曲的区域均位于小支撑面板,在压缩荷载作用下左右两个小支撑均会发生屈曲,在剪切荷载下只有一侧的小支撑会发生屈曲。观察模型 F_{14}和 F_{15}发生线性屈曲时的模态图,两种模型发生屈曲的区域均在大支撑面板,也就是说,这两种模型发生的失效模式类型是大支撑弹性褶皱而不再是小支撑弹性屈曲。为了验证这种猜测,基于两种板模型分别求解模型 F_{14}和 F_{15}发生大支撑弹性褶皱时对应的名义应力值:对于模型 F_{14}来说,两种板模型得到的理论解精度均在 8% 以内;对于模型 F_{15}来说,基于薄板模型、中厚板模型得到的理论解与有限元结果的误差分别为 16.7% 和 6.5%。

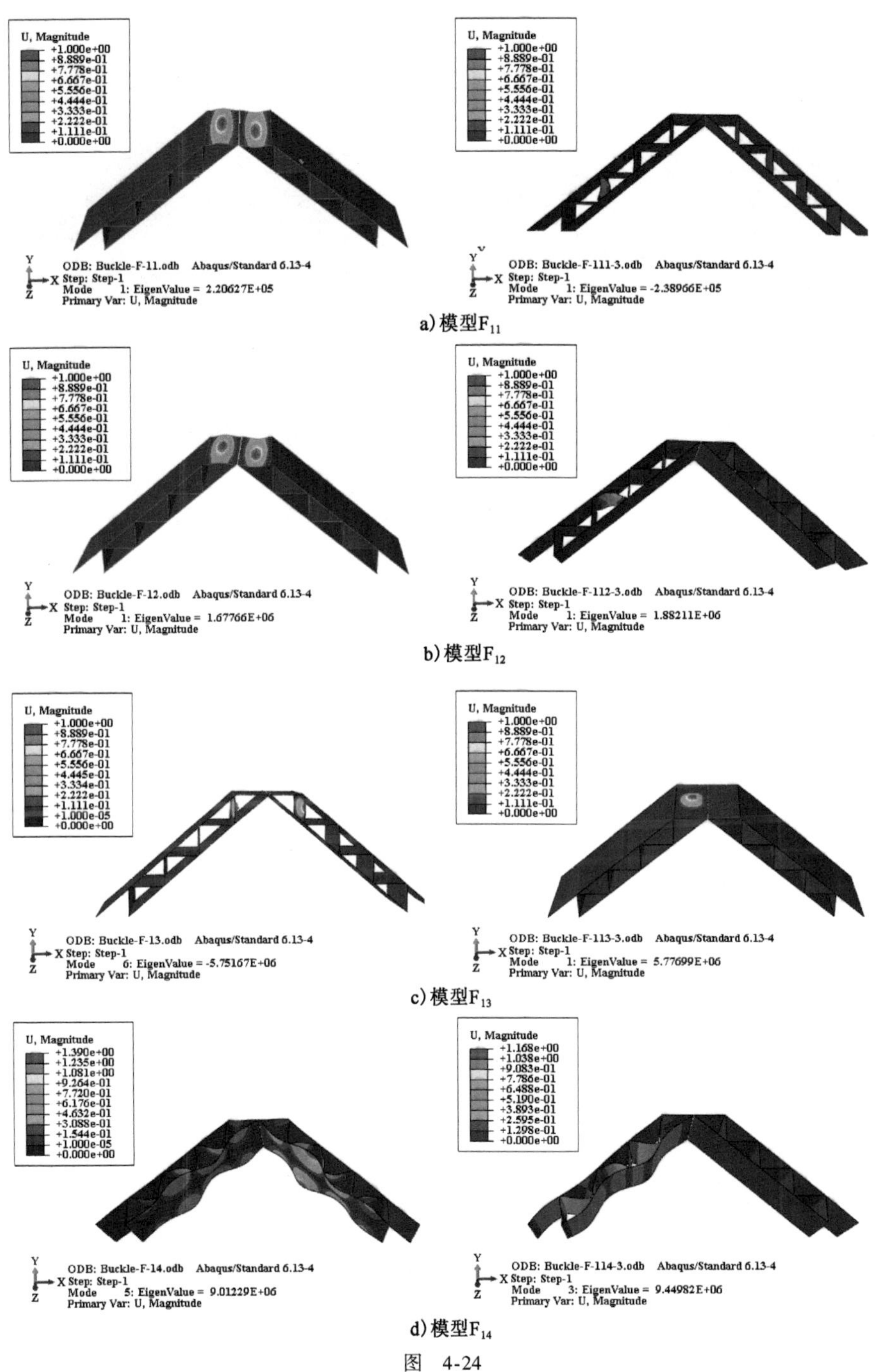

a)模型F_{11}

b)模型F_{12}

c)模型F_{13}

d)模型F_{14}

图 4-24

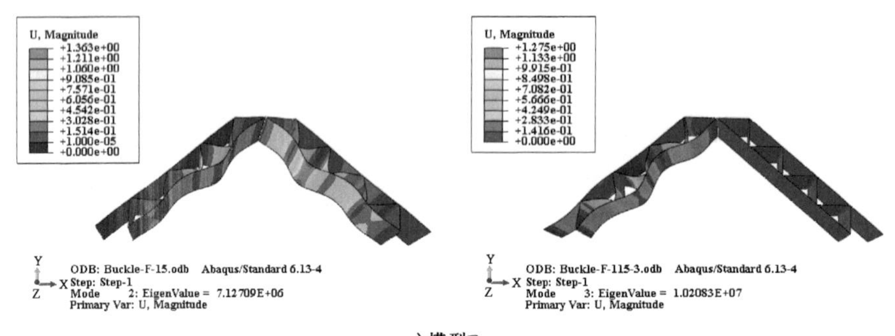

e)模型F_{15}

图 4-24 模型二在压缩(左图)或剪切(右图)荷载作用下的屈曲模态

总之,对于小支撑弹性屈曲这种失效模式来说,在板的厚度与宽度的比值小于0.06时,中厚板模型具有较好的精度,误差在9%以内;在板的厚度与宽度的比值小于0.04时,薄板模型得到的理论解的误差可以控制在10%以内;当二者的比值为0.06时,薄板模型得到的理论解的误差达到16%;当板的厚度与宽度的比值大于0.06时,模型首次失效的区域不再是小支撑,而是大支撑。采用中厚板模型求得的理论解的误差在8%以内,薄板模型误差较大,达到16.7%。

对于大支撑弹性褶皱和小支撑弹性屈曲两种失效模式来说,当板的厚度与宽度的比值比较小时,基于中厚板模型得到的理论解与薄板模型的结果较为一致;随着二者比值的增大,薄板模型出现较大的误差,甚至会出现结果不可信的情况,而中厚板模型始终保持较高的精度。两种失效模式下,中厚板模型的精度高于薄板模型时的分界线并不一致,大支撑弹性褶皱的分界线为厚度与宽度的比值约等于0.075,小支撑弹性屈曲的分界线为厚度与宽度的比值约等于0.04。

4.6 本章小结

当结构厚度与宽度的比值比较大时,本章基于Mindlin理论提出的中厚板模型分析二级层级褶皱结构在压缩荷载和剪切荷载下的失效模式,得到了6种失效模式对应的名义应力公式,然后构建了6组模型,首次发生的失效模式分别是大支撑塑性屈服、大支撑剪切屈曲、大支撑弹性屈曲、大支撑弹性褶皱、小支撑塑性屈服和小支撑弹性屈曲。采用有限元软件ABAQUS计算首次失效时的极限荷载,进而得到名义应力值;同时采用本章推导的名义应力公式,得到理论值。6种模型的理论值与有限元方法得到的名义应力值均比较接近,误差可控制在10%以内,证明了中厚板模型具有较好的精度。

为了比较薄板模型和中厚板模型的精度及使用范围，构建了两组算例，每组算例包括5组不同厚度的模型，分别采用薄板模型和中厚板模型计算压缩荷载和剪切荷载下的名义应力值。当结构厚度与宽度的比值比较小时，两种模型得到的理论值比较接近；当结构厚度与宽度的比值比较大时，由中厚板模型得到理论值要小于薄板模型的理论值。另外，与有限元结果对比得出，当结构厚度与宽度的比值比较大时，中厚板模型比薄板模型具有更好的精度。

第5章 二级层级褶皱夹芯梁弯曲失效模式分析

5.1 引言

夹层结构多属于薄面板、弱夹芯型，在工程应用中，夹层梁不但要求有较低的重量，还要求有一定的抗弯刚度和强度，可以呈现夹层结构的高比强度和比高度优点。夹层结构的弯曲性能非常复杂，强度受组成材料、夹层结构、面板与夹芯之间连接等因素影响，刚度则由于夹芯层特点，与弯曲刚度和剪切刚度相关。自20世纪以来，许多学者对夹层结构的弯曲性能进行了许多研究，提出了多种夹层理论，如Reissner理论、Hoff理论、Лрусаков-杜庆华理论等。这些理论都是基于平面假定，人为地限制了夹芯截面的翘曲，还不能正确描述有芯弱面强特点的现代夹芯结构行为，许多学者对原有理论进行了各种修正。例如，程华[106]提出了考虑芯层弹性支承作用的修正Reissner理论。Drysdale等[107]在分析不对称厚面板的夹芯梁时计入面板抗剪能力，应用能量方法导出特定夹层梁的挠度表达式。Schoutens[108]针对高跨比很大的夹层梁，计入芯层抗弯刚度及弯曲应力，推导出了中性层位置随芯层的相对刚度变化而改变的关系。只不过这些研究工作仍未超出平面假设的范畴，认为夹芯对抗弯刚度的作用在于保持面板间的间距，由于夹芯弹性模量较小，所以忽略了其弯曲应力，但保留了抗剪刚度。还有一些学者按芯层全断面均匀剪切的方法对挠曲线做了线性修正[109]。例如，郑世瀛等放弃平面假设，将夹芯梁视作一般层状弹性体推导了其精确解。另外，也有许多学者对考虑剪切变形影响的夹层结构弯曲性能[110-113]和具有各向异性特性的夹层结构弯曲性能做了一些研究[114-115]。随着无网格方法的兴起，也有学者将该方法引入夹层结构弯曲分析中[116-117]。

将二级层级褶皱结构作为夹层梁的夹芯，便得到二级层级褶皱夹芯梁。与常见的实心夹芯相比，其夹芯是非连续的，因此失效部位、失效模式存在多种可能。在外载作用下，剪力最大处的二级层级褶皱夹芯梁单胞首先发生失效。当夹芯梁单胞的宽度与长度的比值比较大时，单胞不能当作梁处理。另外，当构件厚度与宽度的比值比较大时，分析弹性屈曲这种特殊的失效模式时需要考虑横向剪切变形，否则会带来较大误差。本书根据二级层级褶皱夹芯梁的厚宽比大小不同，分别基于 Kirchhoff 薄板理论[118]和 Mindlin 中厚板理论[119]，对二级层级褶皱夹心梁在三点弯曲荷载、均布荷载以及集中力荷载作用下的失效模式进行分析，考虑各个构件可能发生的 8 种失效模式，并推导出了各种失效模式对应的临界荷载表达式。

5.2　三点弯曲时二级层级褶皱夹芯梁弯曲失效模式分析

5.2.1　基于弹性板模型的三点弯曲失效模式分析

对于层级褶皱结构夹层梁来说，由于芯层为非连续介质，内力分布和内力传递都与连续介质有明显不同，因此其失效模式也与传统的夹芯梁失效模式有明显不同。本书考虑层级褶皱夹芯与传统连续介质夹芯结构形式的不同，重点对二级层级褶皱夹芯梁进行了失效模式分析，给出了 6 种夹芯结构的失效模式，以及对应的临界承载能力。在各种失效模式基本解的基础上，构建了夹层梁的失效机理图，分析了失效模式与几何参数的关系。此外，对三点弯曲工况下层级褶皱夹芯梁挠度进行了计算，提出了一个修正系数，将芯层剪切变形对夹层梁挠度的贡献进行了修正，使得三点弯曲挠度计算精度大大提高。通过与有限元结果进行对比，讨论了误差随几何参数的变化情况。

图 2-1 为拥有二级层级褶皱结构夹芯梁的示意图，在荷载作用下各部位应力达到屈服应力或屈曲应力则认为其失效。对于包含连续介质芯层的传统夹层梁失效模式来说，可以分为面板塑性屈服、面板皱褶、夹芯剪切失效、芯层与面板分离以及局部凹陷破坏 5 种。其中，芯层与面板分离可以通过工艺手段避免，局部凹陷破坏主要发生在荷载集中点处，通过控制施加荷载的面积可以避免，所以后两种失效模式一般可以忽略。

1）按二级层级褶皱夹芯梁结构的失效部位划分

本节针对二级层级褶皱夹芯梁结构芯层的非连续特点，对失效模式进行了定义，根据其失效部位将夹芯梁失效模式分为面板塑性屈服、面板弹性褶皱和芯层失效 3 大类。其前两种失效模式由表面板应力状态决定，芯层失效为剪力带来的芯层失效。根据结构特点,芯层失效包括大支撑塑性屈服、大支撑弹性屈曲、大支撑弹性褶皱、大支撑剪切屈曲、小支撑塑性屈服和小支撑弹性屈曲 6 种失效模式。

(1)面板塑性屈服

在横向弯曲荷载作用下,夹层梁下表面板受拉。当下表面板应力达到材料屈服应力 σ_f 时,则认为梁发生面板塑性屈服失效。此时,通过梁失效截面的最大应力与弯矩之间关系如下:

$$\sigma_f = \frac{M}{I}y \tag{5-1}$$

式中:I——面板对中性轴的惯性矩;

y——面板边缘到中性轴的距离;

M——该横截面对应的弯矩。

通过弯矩与荷载的关系可以得到临界荷载,对于三点弯曲其临界荷载为:

$$F_{cr} = \frac{4\sigma_f b t_f (h + t_f)}{L} \tag{5-2}$$

(2)外表面板弹性褶皱

对于传统意义上的夹层梁板来说,其芯层是连续介质。在横向弯曲荷载作用下,上表面板收到挤压,面板与芯层的连接面可能因此发生脱离,上面板发生皱曲,通常将这种面板皱曲称为夹层梁面板皱褶失效。而对于二级层级褶皱结构夹芯来说,其芯层是非连续介质,面板与芯层只有点面连接。当夹层梁在受到横向荷载作用,上表面板受到挤压,两夹芯支撑之间的外表面板实际上是面内受压弹性板屈曲;当其应力达到屈曲极限应力时,夹层梁上表面板局部会发生弹性屈曲。为与传统夹层梁失效模式对应,也将该局部屈曲失效模式称为面板褶皱失效,则:

$$\sigma_{cr} = \frac{P_{cr}}{A} = \frac{M}{I}y \tag{5-3}$$

其中,$P_{cr} = \dfrac{MB_3}{L} = \dfrac{n^2\pi^2 Ebt_f^3 dB_3}{48Ll_1^2\cos^2\theta_1}$,$d = h + t_f$,$n$ 为与边界条件相关的参数,固支边界时 $n = 0.5$;B_3 为与荷载形式相关的系数,对于三点弯曲荷载工况,$B_3 = 4$。

(3)芯层剪切失效

当夹层梁受到横向荷载作用时,剪力由芯层承担。由于二级层级褶皱夹芯为非连续介质芯层,因此在夹芯结构与面板连接处,横向剪力传递到芯层褶皱结构,如图 5-1 所示。

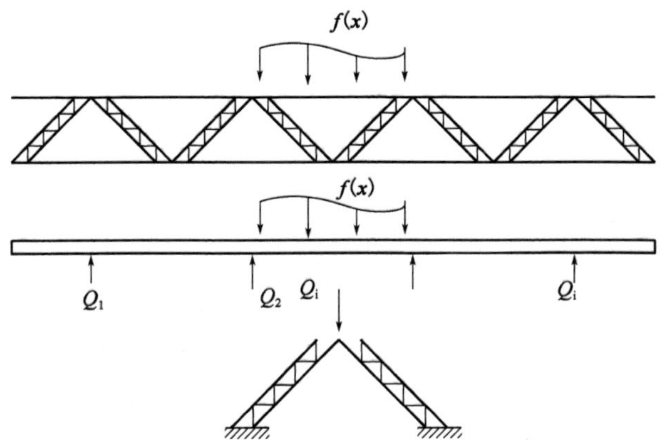

图 5-1　二级层级褶皱夹层梁弯曲及隔离体受力示意图

取夹层梁上表面板和芯层单胞结构进行分析，由于芯层结构对面板的支撑作用，上表面板受到外部荷载芯层结构支撑力的共同作用，通过力法可以得到：

$$\delta_{ij}X_i+\Delta_{ip}=\Delta_i \tag{5-4}$$

其中，i、$j=1,2,\cdots n-1$，n 为二级层级褶皱结构单胞个数；$\delta_{ii}=\Sigma\int\frac{\bar{M}_i^2}{EI}\mathrm{d}s$；$\delta_{ij}=\Sigma\int\frac{\bar{M}_i\bar{M}_j}{EI}\mathrm{d}s$；$\Delta_{ip}=\Sigma\int\frac{\bar{M}_iM_p}{EI}\mathrm{d}s$；$\Delta_i$，可以通过整体挠度计算得到。

通过求解方程(5-4)就可以得到作用在芯层每个结构单胞上的剪力。对于芯层结构单胞而言，通过与面板连接处传递过来的截面剪力即外部荷载输入。因此，在截面剪力作用下，可以认为二级层级褶皱结构承受压缩荷载。

就传统均匀连续夹层梁而言，当夹芯的剪切应力达到材料的剪切破坏应力[τ]，上下面板应力达到屈服应力，出现塑性铰，认为梁发生芯层剪切失效。针对这种失效模式，根据应变能可以得到极限承载力。而对于二级层级褶皱夹层梁来说，其芯层是不连续半刚硬夹芯，面板与芯层位移和应力都不连续，尽管其芯层也会因剪力而造成失效，但是其失效模式与传统的芯层剪切失效有本质区别。根据第 2 章的分析可知，芯层二级层级褶皱结构在压缩荷载作用下会发生 6 种失效模式。值得注意的是，夹层梁中芯层结构上仅受剪力作用，即外部荷载只有压缩荷载 F_z。一般情况下，在夹层梁剪力最大处的结构单胞极易发生失效。另外，它与第 2 章采用名义应力衡量二级层级褶皱结构承载能力不同，本章采用失效模式发生时的夹层梁上作用的荷载值 P 作为夹层梁承载能力表征。

就芯层单胞结构而言，任何部位失效都认为夹层梁夹芯失效，通过失效准则可以得到作用在特征单胞上的剪力，从而得到梁的极限承载力，单胞所受剪力与夹层梁承受荷载关系为：

$$Q = \frac{P}{B_4} \tag{5-5}$$

式中：P——夹层梁所承受的横向荷载；

Q——作用于特征单胞结构上的剪力；

B_4——与荷载工况相关的系数，对于三点弯曲工况，$B_4 = 2$。

2）按二级层级褶皱夹芯梁的芯层剪切失效划分

本书对二级层级褶皱结构夹层梁的分析中认为各构件仍满足传统平面梁理论的假设。因此，根据第2章中对二级层级褶皱结构失效模式的定义，二级层级褶皱夹层梁的芯层剪切失效可以分为大支撑构件（一级层级褶皱夹层梁）失效和小支撑构件（一级层级褶皱夹层梁芯层）失效。其中，大支撑构件失效有4种相互独立的失效模式，即塑性屈服、欧拉失稳、面板褶皱和剪切失稳；小支撑构件失效有两种独立失效模式，即塑性屈服和欧拉失稳。根据失效准则，可以得出失效模式发生时二级层级褶皱结构的极限承载力。由夹层梁截面剪力与夹层梁荷载的关系，可以得到任意荷载类型作用下的二级层级褶皱夹层梁极限承载力。

（1）大支撑塑性屈服

在剪力作用下，当大支撑表面板应力达到材料屈服应力$[\sigma_Y]$时，认为芯层发生大支撑塑性屈服失效，此时有$\sigma = [\sigma_Y]$，从而有：

$$Q = 4t[\sigma_Y]\sin\theta \tag{5-6}$$

（2）大支撑剪切屈曲

由于大支撑抗剪刚度不够，在剪力作用下发生整体剪切失效，此时

$$N = (AG)_{eq} = \frac{Et_1}{2}\sin\theta_1\sin2\theta_1 \tag{5-7}$$

当失效模式发生时对应的作用于芯层结构的极限剪切力为：

$$Q = Et_1\sin\theta_1\sin2\theta_1\sin\theta \tag{5-8}$$

（3）大支撑弹性屈曲

在剪切荷载作用下，大支撑轴向受力达到其失稳临界荷载时$N = P_{cr}$，认为大支撑发生弹性屈曲失效，由欧拉公式可得：

$$P_{cr} = \frac{\pi^2 D_1}{l^2}$$

式中：D_1——大支撑的弯曲刚度，即：

$$D_1 = \frac{Etd_1^2}{2} \quad d_1 = l_1\cos\theta_1 + t$$

从而有

$$Q=\frac{\pi^2 Etd_1^2\sin\theta}{l^2} \tag{5-9}$$

(4)大支撑弹性褶皱

当小支撑之间的面板应力达到其失稳临界应力时，认为大支撑发生弹性褶皱失效，此时 $\sigma=\sigma_{cr}$；同理，由欧拉公式可得：

$$P_{cr}=\frac{\pi^2 D_{1f}}{4l_1^2\cos^2\theta_1}$$

式中：D_{1f}——大支撑面板的弯曲刚度，即：

$$D_{1f}=\frac{Et^3}{12}$$

从而有

$$Q=\frac{\pi^2 Et^3\sin\theta}{3l_1^2\cos^2\theta_1} \tag{5-10}$$

(5)小支撑塑性屈服

假定小支撑构件与一级支撑构件表面板铰接，因此，一级支撑构件切向荷载会对其芯层(小支撑构件)产生压缩作用。当小支撑应力达到材料屈服应力时，认为芯层发生小支撑塑性屈服失效，此时有大支撑切向力 $F_s=2t_1[\sigma]\sin\theta_1$，由式(5-7)和式(5-8)有：

$$Q=4t_1[\sigma]\sin\theta_1\left[\cos\theta+\frac{1}{3\cos\theta}\left(\frac{l}{l_1}\right)^2\right] \tag{5-11}$$

(6)小支撑弹性屈曲

当小支撑应力达到其失稳临界应力时，认为芯层发生小支撑弹性屈曲失效。由欧拉公式可以得到其失稳临界应力：

$$F_s=\frac{2\pi^2 D_c\sin\theta_1}{l_1^2}$$

式中：D_c——小支撑的弯曲刚度，即

$$D_c=\frac{Et_1^3}{12}$$

从而有

$$Q=\frac{\pi^2 Et_1^3\sin\theta_1}{3l_1^2}\left[\cos\theta+\frac{1}{3\cos\theta}\left(\frac{l}{l_1}\right)^2\right] \tag{5-12}$$

5.2.2　失效机理图

通过失效模式间的边界可以得到二级层级褶皱夹层梁的失效机理图。通过

对临界荷载进行对比可以得到如下结论：

(1)芯层各种失效模式之间存在两个与 l_1/l 取值相关的界限值，即 $\sqrt{2\varepsilon_Y}/n\pi\cos\theta_1$ 和 $1/\sqrt{3\sin2\theta\sin2\theta_1/8\varepsilon_Y-3\cos^2\theta}$。当 $l_1/l<\sqrt{2\varepsilon_Y}/n\pi\cos\theta_1$ 时，大支撑塑性屈服和小支撑塑性屈服失效模式不会出现；当 l_1/l 在两个界限值之间时，大支撑弹性屈曲和小支撑塑性屈服失效模式不会出现；当 $l_1/l>1/\sqrt{3\sin2\theta\sin2\theta_1/8\varepsilon_Y-3\cos^2\theta}$ 时，大支撑弹性屈曲和大支撑剪切屈曲失效模式不会发生。

(2)表面板的失效模式取决于 t_f/H 的大小，当 $t_f/H>\sqrt{48\varepsilon_Y}\cos\theta/n\pi$ 时，面板只会发生塑性屈服失效，否则只会发生弹性褶皱失效模式。

随着 l_1/l 的增大，芯层失效的占优关系逐渐增大，如图 5-2 所示。依据结论(2)，当 t_f/H 较小时，夹层梁外表面板失效模式为面板弹性褶皱，故外表面板塑性屈服失效模式在图 5-2a)中没有出现；同样，在图 5-2b)中也没有外表面板弹性褶皱失效模式。当 t_f/H 较小时，芯层失效主要以小支撑屈曲失效和大支撑面板弹性褶皱失效两种失效模式为主。随着 t_f/H 的增大，面板的承载能力得到增强，夹芯的失效模式种类也有所增加，当 l_1/l 较小时增加了大支撑屈曲失效模式，并且随着 l_1/l 的增大，大支撑的弯曲刚度也随之增大。因此，稳定失效模式逐渐被材料塑性屈服失效所替代。由于芯层承载能力的提高，面板失效发生的优势也随着 l_1/l 的增大而逐渐明显，同时，发生小支撑屈曲和大支撑弹性褶皱失效的优势也越加明显。

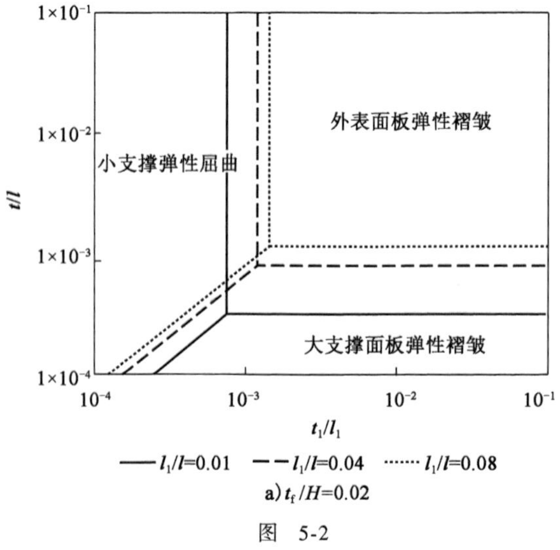

a) $t_f/H=0.02$

图 5-2

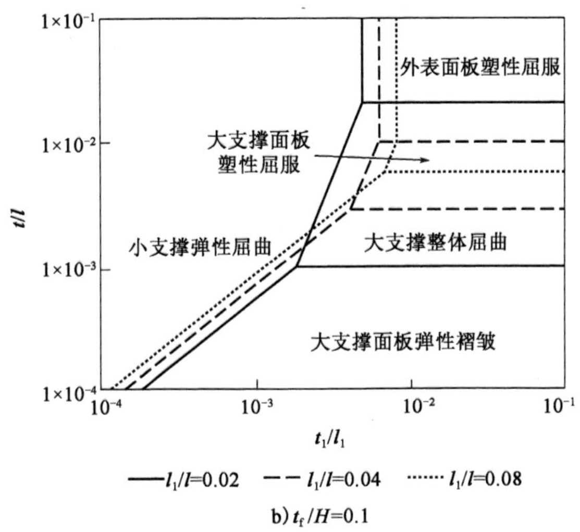

b) $t_f/H=0.1$

图 5-2 不同 l_1/l 失效机理图比较($H/L=0.1$, $\varepsilon_Y=0.002$)

由图 5-3 可以看出,随着 t_f/H 的增大,面板承载能力逐渐加强,芯层失效的占优关系逐渐增大。当 t_f/H 超过界限值后,面板弹性褶皱失效被面板塑性屈服失效模式取代,由于面板塑性屈服失效模式对应的承载能力得到提高,芯层失效的占优关系更加明显,并且芯层失效各种失效模式的优势随着 l_1/l 的增大而增大。由图 5-3 中还可以得到这样一个推论:在芯层结构尺寸不变的情况下,调整面板的厚度可以提高梁的承载能力。

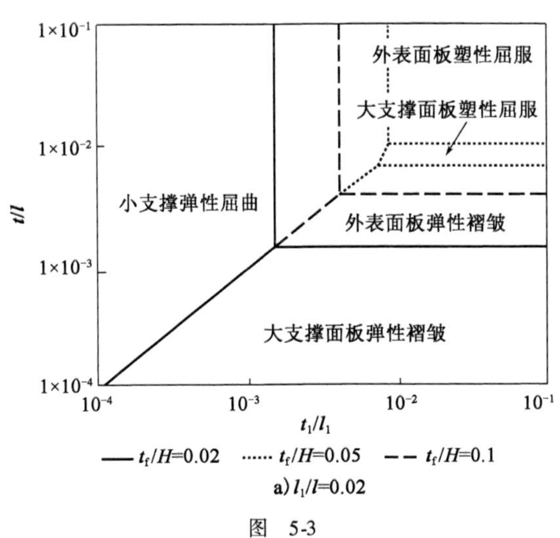

a) $l_1/l=0.02$

图 5-3

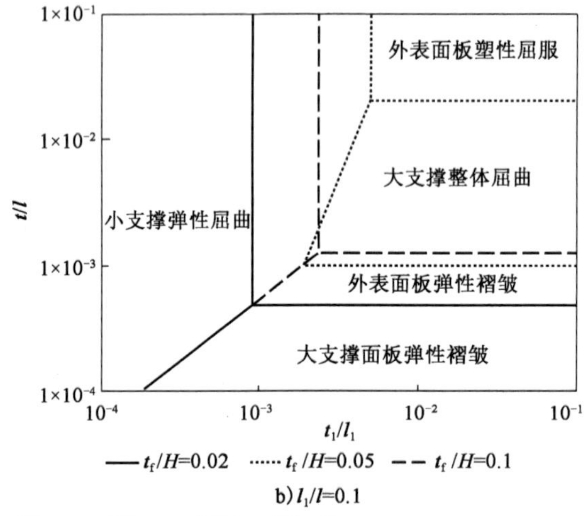

b) l_1/l=0.1

图 5-3 不同 t_f/H 失效机理图比较($H/L=0.1$, $\varepsilon_Y=0.002$)

随着梁的高跨比增大,失效模式种类没有发生变化,对应的各失效模式占优关系变化不大(图 5-4),说明梁的失效模式与高跨比没有明显的联系,只与 t_f/H 和 l_1/l 的取值有关。其中,l_1/l 的取值决定了该芯层失效模式和芯层失效模式占优优势,t_f/H 的取值决定梁面板失效模式。根据结论(2)所述,当 t_f/H 较小时,面板失效模式为面板弹性褶皱;当 t_f/H 较大时,面板失效模式为塑性屈服。与此同时,由于面板塑性屈服对应的承载能力大,使得在 t/l 逐渐增大的过程中,在失效模式从大支撑表面弹性褶皱向外表面板塑性屈服转换时,中间还会出现大支撑整体屈曲失效模式。

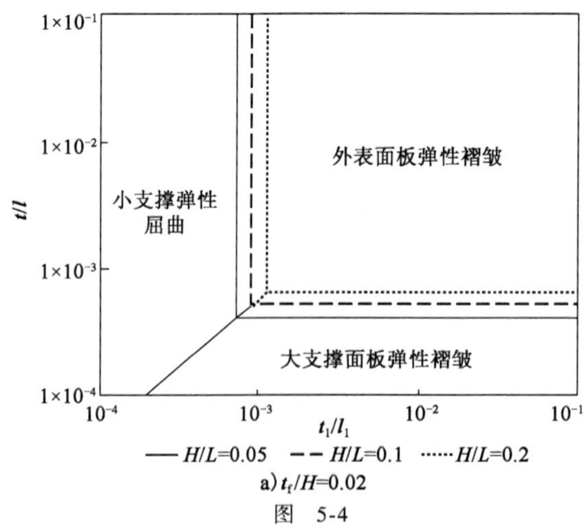

a) t_f/H=0.02

图 5-4

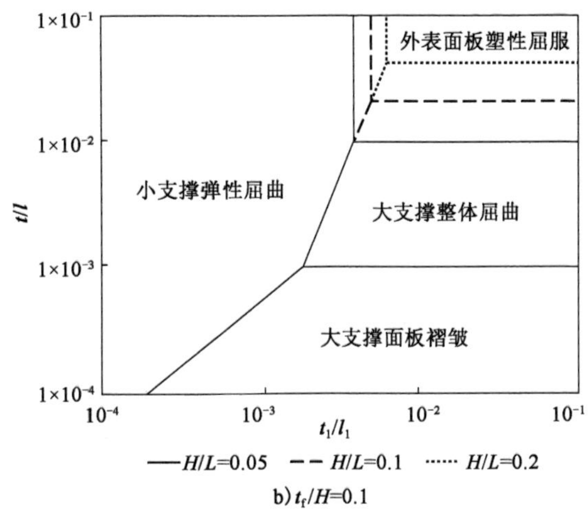

b) t_f/H=0.1

图 5-4　不同 H/L 失效机理图比较（$l_1/l=0.02$，$\varepsilon_Y=0.002$）

5.2.3　基于中厚板模型的三点弯曲失效模型分析

当结构的长度远大于宽度和厚度时，认为符合梁的特征。对这种结构进行力学性能分析时，常基于一些特定的假设或理论，如平截面假设、欧拉梁理论等。当结构的厚度远小于长度、宽度时，当作板处理。在分析这种结构时，一般基于小挠度弯曲理论求解。二级层级褶皱夹芯梁作为一个整体，其长度远大于其宽度和厚度，符合梁的特征。但是，对于单胞构件来说，其长度不一定远大于其宽度，两者可能比较接近。此时，将单胞构件简化为板结构进行分析。另外，考虑到单胞构件的厚度与宽度的比值可能处于不同的范围，本节采用中厚板模型分析其力学性能。

将二级层级褶皱夹芯梁拆分为 3 部分：顶端面板、底端面板和夹芯，每一部分的受力形式不同，失效模式也存在差异。本章主要考虑单胞构件的宽度与长度大小比较接近时，简化为板结构进行分析。先基于板模型给出二级层级褶皱夹芯梁在三点弯曲荷载作用下的失效模式及其对应的极限荷载通用表达式，再考虑构件的厚度与宽度的比值不同，分别基于薄板模型和中厚板模型分析可能发生的失效模式及其对应的极限荷载表达式。

在三点弯曲荷载作用下，二级层级褶皱夹芯梁的剪力 Q 大小均为 $F_z/2$，最大弯矩 M_{max} 发生在加载点处，大小为 $F_zL/4$。在横向弯曲荷载作用下，顶端面板主要承受面内压缩荷载，底端面板主要承受面内拉伸荷载，而剪力主要由夹芯承担。因此,在分析夹芯的失效模式时,其承受的外部荷载简化为压缩荷载。

1)顶端面板受压失效

在三点弯曲荷载作用下,顶端面板主要承担横向弯曲荷载引起的面内压缩荷载,简化为对边简支对边自由的矩形板在面内压缩荷载作用下的失效问题。另外,为区分整个夹层梁的弹性屈曲,将顶端面板发生弹性屈曲时的失效称为面板弹性褶皱。在分析顶端面板的失效时,可以将夹芯近似当作连续介质处理,简化为横力弯曲问题。

根据材料力学知识,横力弯曲荷载作用下的正应力表达式为:

$$\sigma = \frac{M}{I}y \tag{5-13}$$

式中:M——结构承受的弯矩;

I——顶端面板对于夹芯梁质心轴的惯性矩,其表达式分别为:

$$M = \frac{F_z L}{4} \tag{5-14}$$

$$I = \frac{bt_f^3}{6} + \frac{bt_f(h + t_f)^2}{2} \tag{5-15}$$

由于顶端面板的厚度相比夹芯梁的高度比较小,因此忽略 I 表达式中的第一项。

顶端面板承受的压缩荷载大小与其正应力的关系为:

$$N_x = \sigma A = \sigma b t_f \tag{5-16}$$

联立以上公式可以得到用顶端面板的面内荷载 N_x 表示的极限荷载 F_z 表达式为:

$$F_z = \frac{4(h + t_f)N_x}{L} \tag{5-17}$$

2)底端面板受拉失效

二级层级褶皱夹芯梁在三点弯曲荷载作用下,底端面板主要承担横向弯曲荷载引起的面内拉伸荷载。与顶端面板类似,在分析底端面板的失效模式时,仍将夹芯看作连续介质处理。由于结构的对称性,底端面板承受的正应力与顶端面板大小相等,但方向相反。因此,底端面板发生失效时对应的通用极限荷载表达式与顶端面板相同。

3)夹芯剪切失效

二级层级褶皱夹芯梁在三点弯曲荷载作用下的剪力主要由夹芯承担,分析夹芯的失效模式转换为分析在压缩荷载作用下的夹芯失效问题。与第 2 章分析单胞构件的失效类似,认为宏观的弹性屈曲和塑性屈服才是有效的失效方式,忽略短波失效。另外,由于在三点弯曲荷载作用下沿长度方向的任何位置剪力大小均相等,夹芯的失效方式与其所处的位置没有关系。因此,在分析夹芯的失效问题时,为了得到不考虑梁的长度的通用表达式,采用夹芯梁的外载 F_z 表征该结构的承载能力,不再推导名义应力的表达式。

对于夹芯的剪切失效,它与二级层级褶皱结构单胞类似,根据失效区域不同可分为大支撑和小支撑的失效两种情况,大支撑和小支撑各能发生塑性屈服和弹性屈曲两种失效模式。首先不考虑具体的失效模式类型,求解各自的通用极限荷载表达式。假设大支撑和小支撑承受的面内荷载大小均为 N_x,对于大支撑而言,利用式(4-10)得到夹芯梁的剪力 Q 与 N_x 之间的关系式为:

$$Q = 2N_x \sin\theta \tag{5-18}$$

再根据三点弯曲荷载 F_z 与剪力 Q 之间的大小关系,得到用面内荷载 N_x 表示的极限荷载,即大支撑失效时的通用极限荷载表达式为:

$$F_z = 4N_x \sin\theta \tag{5-19}$$

对于小支撑而言,利用式(4-15)得到夹芯梁的剪力 Q 与大支撑在外载作用下的轴向压缩分量和剪切分量之间的关系式为:

$$\frac{Q}{2} = F_n \sin\theta + F_s \cos\theta \tag{5-20}$$

联立式(4-17)、式(4-24),并考虑到三点弯曲荷载与剪力之间的大小关系,得到小支撑失效时的通用极限荷载表达式为:

$$F_z = 8N_x \sin\theta_1 \left[\frac{\sin^2\theta}{3\sin^2\theta_1 \cos\theta}\left(\frac{l}{l_1}\right)^2 + \cos\theta\right] \tag{5-21}$$

5.2.4 基于中厚板模型分析夹芯梁的失效模式

二级层级褶皱夹芯梁在三点弯曲荷载作用下发生失效时,除了大支撑弹性屈曲和大支撑剪切屈曲,其他的失效模式均发生在局部构件。这些局部构件的长度可能不会远大于其宽度和厚度,这时构件简化为板更加准确。而且,当构件的厚度与宽度的比值并不是非常小时,求解屈曲临界荷载时,需要考虑横向剪切效应。对于这种构件,可采用基于 Mindlin 理论的中厚板模型分析。

1)顶端面板失效

(1)面板弹性褶皱

当顶端面板上的压缩荷载达到其屈曲临界荷载时,该构件发生弹性屈曲,将这种失效模式称为面板弹性褶皱。这种失效模式发生的失效区域为两个大支撑之间的顶端面板,转换为求解对边简支对边自由的矩形板在面内压缩荷载下的屈曲临界荷载。矩形板的长度为 $2l\cos\theta$,利用式(4-8)可求得屈曲临界荷载值 P_{cr},代入顶端面板的通用极限荷载表达式(5-17),得到发生面板弹性褶皱失效时对应的极限荷载表达式:

$$F_z = \frac{4(h + t_f)P_{cr}}{L} \tag{5-22}$$

(2)面板塑性屈服

对于顶端面板,在压缩荷载作用下还可能由于应力达到材料的屈服极限而发生塑性变形,将这种失效模式称为面板塑性屈服。此时,作用在顶端面板的面内荷载 N_x 可用屈服极限表示,即:

$$N_x = \sigma_s bt_f \tag{5-23}$$

将代入顶端面板的通用极限荷载表达式(5-17),得到发生面板塑性屈服失效时对应的极限荷载,其表达式为:

$$F_z = \frac{4\sigma_s bt_f(h + t_f)}{L} \tag{5-24}$$

2)底端面板失效

与顶端面板不同,底端面板承受面内的拉伸荷载,失效方式只能是塑性屈服。由于结构的对称性,底端面板和顶端面板承受的正应力大小相同,但方向相反。因此,底端面板发生塑性屈服失效时对应的极限荷载其表达式与顶端面板发生塑性屈服一致,将这两种失效模式统称为面板塑性屈服。

3)夹芯剪切失效

二级层级褶皱夹芯梁在三点弯曲荷载下,夹芯承担的是剪力。因此,在分析夹芯的失效模式时,将夹芯梁单胞取出,转换成分析其在压缩荷载的失效模式。

(1)大支撑塑性屈服

大支撑面板上的应力达到材料的屈服极限时,结构发生塑性变形,将这种失效模式称为大支撑塑性屈服。作用在大支撑面板的面内荷载 N_x 可用屈服极限表示,即:

$$N_x = 2\sigma_s bt \tag{5-25}$$

将其代入大支撑失效时的通用极限荷载表达式(3-7),得到大支撑塑性屈服失效时对应的极限荷载,其表达式为:

$$F_z = 8\sigma_s bt\sin\theta \tag{5-26}$$

(2)大支撑剪切屈曲

大支撑的剪切刚度过小时,整个大支撑发生剪切失效。作用在整个大支撑

上的荷载 N_x 的表达式为：

$$N_x = (AG)_{eq} = \frac{Ebt_1 \sin 2\theta_1 \sin\theta_1}{2} \tag{5-27}$$

将其代入大支撑失效时的通用极限荷载的表达式(3-7)，得到大支撑剪切屈曲失效时对应的极限荷载，其表达式为：

$$N_z = 2Et_1 \sin\theta_1 \sin 2\theta_1 \sin\theta \tag{5-28}$$

(3)大支撑弹性屈曲

大支撑作为一个整体，其轴向力达到屈曲临界荷载值时结构发生弹性屈曲而失效。此时，可以把大支撑当作是对边简支对边自由的夹层板。作用在整个大支撑上的压缩荷载 N_x 的表达式为：

$$N_x = P_{cr} \tag{5-29}$$

将其代入大支撑失效时的通用极限荷载的表达式(3-7)，得到大支撑弹性屈曲失效时对应的极限荷载，其表达式为：

$$F_z = 4P_{cr}\sin\theta \tag{5-30}$$

(4)大支撑弹性褶皱

当两个小支撑之间的大支撑面板上的轴力达到其屈曲临界荷载时，该构件发生弹性屈曲。同样转换为求解对边简支对边自由的矩形板在面内压缩荷载下的屈曲临界荷载。矩形板的长度为 $2l_1\cos\theta_1$，利用式(4-8)可求得屈曲临界荷载值 P_{cr}，将其代入大支撑失效对应的通用极限荷载的表达式(5-17)，得到发生大支撑弹性褶皱失效时对应的极限荷载，其表达式为：

$$N_x = 2P_{cr} \tag{5-31}$$

$$F_z = 8P_{cr}\sin\theta \tag{5-32}$$

(5)小支撑塑性屈服

当小支撑上的应力达到材料的屈服极限时，小支撑发生塑性变形而失效。这种失效模式发生时，小支撑的轴力 N_x 的表达式为：

$$N_x = \sigma_s bt_1 \tag{5-33}$$

将其代入小支撑失效时的通用极限荷载的表达式(5-21)，得到小支撑塑性屈服失效时对应的极限荷载，其表达式为：

$$F_z = 8\sigma_s bt_1 \sin\theta_1 \left[\frac{\sin^2\theta}{3\sin^2\theta_1 \cos\theta}\left(\frac{l}{l_1}\right)^2 + \cos\theta\right] \tag{5-34}$$

(6)小支撑弹性屈曲

小支撑的轴力达到其屈曲临界荷载时，小支撑发生弹性屈曲而失效。这种失效模式发生时，利用式(4-8)可求得屈曲临界荷载值 P_{cr}，代入式(5-21)，得到

发生小支撑弹性屈曲失效时对应的极限荷载,其表达式为:

$$F_z = 8P_{cr}\sin\theta_1\left[\frac{\sin^2\theta}{3\sin^2\theta_1\cos\theta}\left(\frac{l}{l_1}\right)^2 + \cos\theta\right] \tag{5-35}$$

5.3 均布荷载作用时二级层级褶皱夹芯梁弯曲失效模式分析

二级层级褶皱夹芯梁在两端简支的边界条件下承受均布荷载的受力示意图如图 5-5 所示。

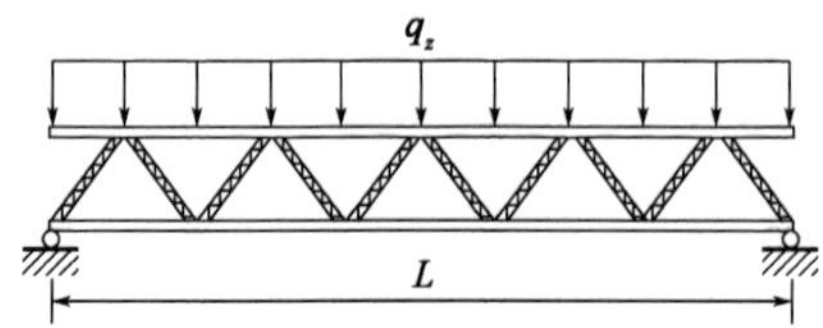

图 5-5 二级层级褶皱夹芯梁均布荷载作用示意图

q_z-均布荷载的荷载集度;L-夹芯梁的长度

在均布荷载作用下,夹芯梁承受的最大剪力 Q_{max} 大小为 $q_zL/2$,位于夹芯梁的两个端点处。夹芯梁承受的最大弯矩 M_{max} 为 $q_zL^2/8$,位于夹芯梁轴向方向的中心。

均布荷载作用下的二级层级褶皱夹芯梁与三点弯曲类似,顶端面板承受面内压缩荷载,底端面板承受面内拉伸荷载。剪力主要由夹芯承担,虽然单胞构件承受的剪力不是均匀分布的,但是由于单胞构件的长度相比与整个夹芯梁比较小。因此,在分析夹芯的失效模式时,其承受的外部荷载近似简化为集中力荷载。

与三点弯曲相比,推导均布荷载作用下面板失效的通用极限荷载表达式时,外载与弯矩之间的关系式不同,其他公式均相同。将均布荷载下的最大弯矩替代公式(5-14),得到面板失效的通用极限荷载,其表达式为:

$$q_z = \frac{8(h + t_f)N_x}{L^2} \tag{5-36}$$

同理,与三点弯曲相比,推导均布荷载作用下夹芯失效的通用极限荷载表达式时,外载与剪力之间的关系式不同,其他公式均相同。将均布荷载下的最大剪力替代公式(5-18),分别得到大支撑和小支撑失效的通用极限荷载的表达式:

(1)大支撑失效时通用极限荷载表达式

$$q_z = \frac{4N_x\sin\theta}{L} \tag{5-37}$$

(2)小支撑失效时通用极限荷载表达式

$$q_z = \frac{8N_x \sin\theta_1}{L}\left[\frac{\sin^2\theta}{3\sin^2\theta_1\cos\theta}\left(\frac{l}{l_1}\right)^2 + \cos\theta\right] \tag{5-38}$$

根据以上通用表达式,考虑具体的失效模式,将对应的失效区域所承受的荷载代入通用极限荷载的表达式,即可得到8种失效模式的极限荷载表达式。

(1)面板塑性屈服

$$q_z = \frac{8\sigma_s b t_f (h + t_f)}{L^2} \tag{5-39}$$

(2)面板弹性褶皱

中厚板模型:

$$q_z = \frac{8(h + t_f)P_{cr}}{L^2} \tag{5-40}$$

薄板模型,当自由边的长度大于或小于简支边的长度时,则分别为:

$$\left.\begin{aligned} q_z &= \frac{\pi^2 E t_f^3 (h + t_f)}{6 l^2 L^2 \cos^2\theta}\left[1 + \frac{2v^2 - 1}{4(1 - v^2)}\frac{b}{l\cos\theta}\right] \\ q_z &= \frac{\pi^2 E t_f^3 (h + t_f)}{6 l^2 L^2 \cos^2\theta}\left[\frac{1}{1 - v^2} - \frac{v^2}{1 - v^2}\frac{l\cos\theta}{b}\right] \end{aligned}\right\} \tag{5-41}$$

(3)大支撑塑性屈服

$$q_z = \frac{8\sigma_s b t \sin\theta}{L} \tag{5-42}$$

(4)大支撑剪切屈曲

$$q_z = \frac{2E t_1 \sin\theta_1 \sin 2\theta_1 \sin\theta}{L} \tag{5-43}$$

(5)大支撑弹性屈曲

$$q_z = \frac{4P_{cr}\sin\theta}{L} \tag{5-44}$$

(6)大支撑弹性褶皱

中厚板模型:

$$q_z = \frac{8P_{cr}\sin\theta}{L} \tag{5-45}$$

薄板模型,当自由边的长度大于或小于简支边的长度时,则分别为:

$$\left.\begin{aligned} q_z &= \frac{\pi^2 E t^3 \sin\theta}{12 l_1^2 L \cos^2\theta_1}\left[1 + \frac{2v^2 - 1}{4(1 - v^2)}\frac{b}{l_1\cos\theta_1}\right] \\ q_z &= \frac{\pi^2 E t^3 \sin\theta}{12 l_1^2 L \cos^2\theta_1}\left[\frac{1}{1 - v^2} - \frac{v^2}{1 - v^2}\frac{l_1\cos\theta_1}{b}\right] \end{aligned}\right\} \tag{5-46}$$

(7)小支撑塑性屈服

$$q_z = \frac{8\sigma_s b t_1 \sin\theta_1}{L}\left[\frac{\sin^2\theta}{3\sin^2\theta_1\cos\theta}\left(\frac{l}{l_1}\right)^2 + \cos\theta\right] \tag{5-47}$$

(8)小支撑弹性屈曲

中厚板模型：

$$q_z = \frac{8P_{cr}\sin\theta_1}{L}\left[\frac{\sin^2\theta}{3\sin^2\theta_1\cos\theta}\left(\frac{l}{l_1}\right)^2 + \cos\theta\right] \tag{5-48}$$

薄板模型，当自由边的长度大于或小于简支边的长度时，则分别为：

$$\left.\begin{aligned} q_z &= \frac{2\pi^2 E t_1^3 \sin\theta_1}{3l_1^2 L}\left[\frac{\sin^2\theta}{3\sin^2\theta_1\cos\theta}\left(\frac{l}{l_1}\right)^2 + \cos\theta\right]\left[1 + \frac{2v^2 - 1}{2(1 - v^2)}\frac{b}{l_1}\right] \\ q_z &= \frac{2\pi^2 E t_1^3 \sin\theta_1}{3l_1^2 L}\left[\frac{\sin^2\theta}{3\sin^2\theta_1\cos\theta}\left(\frac{l}{l_1}\right)^2 + \cos\theta\right]\left[\frac{1}{1 - v^2} - \frac{v^2}{2(1 - v^2)}\frac{l_1}{b}\right] \end{aligned}\right\} \tag{5-49}$$

另外，与三点弯曲荷载工况相比，承受集中力荷载时二级层级褶皱夹芯梁发生不同的失效模式时的失效区域不同。面板失效与夹芯梁的最大弯矩有关，失效区域位于夹芯梁的中心；大支撑和小支撑失效与夹芯梁的最大剪力有关，失效区域位于夹芯梁的两个端点。

5.4 集中力作用时二级层级褶皱夹芯梁弯曲失效模式分析

在工程应用中，二级层级褶皱夹芯梁还可以作为悬臂梁，梁的末端承受集中荷载，如图 5-6 所示。

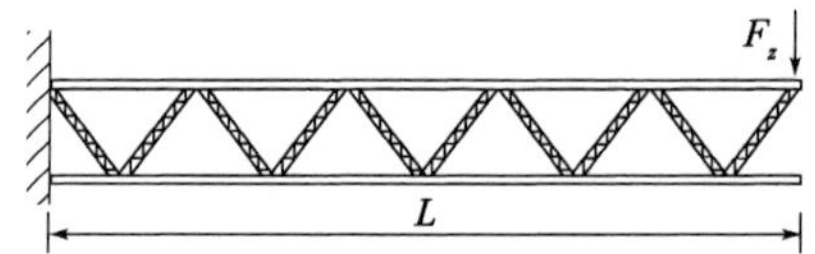

图 5-6 二级层级褶皱夹芯梁集中力作用示意图

通过简单内力分析可知，沿夹芯梁的轴向方向，承受的剪力 Q_{max} 大小为 F_z。夹芯梁承受的最大弯矩 M_{max} 为 F_zL，位于夹芯梁的固支端。同理，与三点弯曲工况相比，在推导各种失效模式对应的极限荷载时，只需考虑最大剪力和最大弯矩与外载之间的关系式不同。悬臂梁在集中力作用下 8 种失效模式对应的极限荷载分别如下。

(1)面板塑性屈服

$$F_z = \frac{\sigma_s b t_f (h + t_f)}{L} \tag{5-50}$$

(2)面板弹性褶皱

中厚板模型:

$$F_z = \frac{(h+t_f)P_{cr}}{L} \tag{5-51}$$

薄板模型,当自由边的长度大于或小于简支边的长度时,则分别为:

$$\left.\begin{aligned} F_z &= \frac{\pi^2 E t_f^3 (h+t_f)}{48 l^2 L \cos^2\theta}\left[1+\frac{2v^2-1}{4(1-v^2)}\frac{b}{l\cos\theta}\right] \\ F_z &= \frac{\pi^2 E t_f^3 (h+t_f)}{48 l^2 L \cos^2\theta}\left[\frac{1}{1-v^2}-\frac{v^2}{1-v^2}\frac{l\cos\theta}{b}\right] \end{aligned}\right\} \tag{5-52}$$

(3)大支撑塑性屈服

$$F_z = 4\sigma_s bt\sin\theta \tag{5-53}$$

(4)大支撑剪切屈曲

$$F_z = Et_1\sin\theta_1\sin2\theta_1\sin\theta \tag{5-54}$$

(5)大支撑弹性屈曲

$$F_z = 2P_{cr}\sin\theta \tag{5-55}$$

(6)大支撑弹性褶皱

中厚板模型:

$$F_z = 4P_{cr}\sin\theta \tag{5-56}$$

薄板模型,当自由边的长度大于或小于简支边的长度时,则分别为:

$$\left.\begin{aligned} F_z &= \frac{\pi^2 E t^3 \sin\theta}{24 l_1^2 \cos^2\theta_1}\left[1+\frac{2v^2-1}{4(1-v^2)}\frac{b}{l_1\cos\theta_1}\right] \\ F_z &= \frac{\pi^2 E t^3 \sin\theta}{24 l_1^2 \cos^2\theta_1}\left[\frac{1}{1-v^2}-\frac{v^2}{1-v^2}\frac{l\cos\theta_1}{b}\right] \end{aligned}\right\} \tag{5-57}$$

(7)小支撑塑性屈服

$$F_z = 4\sigma_s bt_1\sin\theta_1\left[\frac{\sin^2\theta}{3\sin^2\theta_1\cos\theta}\left(\frac{l}{l_1}\right)^2+\cos\theta\right] \tag{5-58}$$

(8)小支撑弹性屈曲

中厚板模型:

$$F_z = 4P_{cr}\sin\theta_1\left[\frac{\sin^2\theta}{3\sin^2\theta_1\cos\theta}\left(\frac{l}{l_1}\right)^2+\cos\theta\right] \tag{5-59}$$

薄板模型,当自由边的长度大于或小于简支边的长度时,则分别为:

$$\left.\begin{aligned}F_z&=\frac{\pi^2Et_1^3\sin\theta_1}{3l_1^2}\left[\frac{\sin^2\theta}{3\sin^2\theta_1\cos\theta}\left(\frac{l}{l_1}\right)^2+\cos\theta\right]\left[1+\frac{2v^2-1}{2(1-v^2)}\frac{b}{l_1}\right]\\F_z&=\frac{\pi^2Et_1^3\sin\theta_1}{3l_1^2}\left[\frac{\sin^2\theta}{3\sin^2\theta_1\cos\theta}\left(\frac{l}{l_1}\right)^2+\cos\theta\right]\left[\frac{1}{1-v^2}-\frac{v^2}{2(1-v^2)}\frac{l_1}{b}\right]\end{aligned}\right\}\quad(5\text{-}60)$$

与三点弯曲工况和均布荷载作用工况相比,面板失效时的失效区域在夹芯梁的固支端。夹芯梁轴向方向的剪力大小相等,但是夹芯仍然承担一部分弯矩,因此,大支撑和小支撑的失效区域也可能发生在夹芯梁的固支端。

5.5 本章小结

在实际工程应用中,二级层级褶皱夹芯梁可能承受不同的荷载形式,拥有不同的边界条件。在不同的工况和边界条件下,结构发生失效时的承载能力不同,失效区域也有所差别。在三点弯曲、均布荷载及集中力荷载工况下二级层级褶皱夹芯梁可能发生 8 种失效模式:面板塑性屈服、面板弹性褶皱、大支撑塑性屈服、大支撑剪切屈曲、大支撑弹性屈曲、大支撑弹性褶皱、小支撑弹性褶皱和小支撑弹性屈曲。本章基于中厚板模型和薄板模型,分别推导出了 3 种工况下各自可能发生的 8 种失效模式及对应的临界荷载表达式。

另外,就二级层级褶皱夹芯梁而言,顶端面板、大支撑面板和小支撑三者之中可能出现一部分属于中厚板的范畴,另一部分属于薄板的范畴的情况。对于这种特殊的结构形式,在分析其失效模式时,不能拘泥于一种模型,而要考虑构件的具体情况选取中厚板或者薄板模型对应的理论公式。

第 6 章　基于弹性板模型三点弯曲挠度计算

6.1　引言

就梁结构而言,弯曲挠度能够很好地表征弯曲刚度性能。三点弯曲试验是测量梁弯曲挠度的最通用方法,因此,本章对三点弯曲工况下二级层级褶皱夹层梁的挠度展开了研究。夹层梁的三点弯曲问题可以简化为集中力作用下简支梁的弯曲问题,夹层结构的弯曲性能非常重要。一方面夹层结构的弯曲性能呈现夹层架构的高比强度、高比刚度特点;另一方面,弯曲性能特别复杂,就强度而言,包含有面板的强度、芯层强度以及面板与芯层的胶接强度。就刚度而言,由于夹层结构弱芯层的特点,除与弯曲刚度有关的挠曲变形之外,还有与剪切刚度有关的剪切变形挠度。尽管夹层结构的弯曲性能可以根据《夹层结构弯曲性能试验方法》(GB/T 1456—2005)进行测试,该标准是根据夹层结构的受力特点,在一定假设下给出弯曲性能的计算公式,以便进行性能比较。但是由于夹层结构种类很多,面板、芯层材料的变化范围很广,有的夹层结构的弯曲性能与简单假设下的计算公式计算出来的性能有很大出入,因此有必要进行理论研究,得出符合实际情况的计算公式,以供产品设计时使用。

6.2　夹层梁三点弯曲挠度计算理论介绍

通过夹层梁弯曲理论可知,夹层梁的剪切刚度主要由芯层提供,而芯层的剪切变形直接影响弯曲计算的精度。根据已有的研究成果可知,芯层的剪切模量越大,夹层梁本质上越接近普通实心梁,其弯曲计算与普通弹性梁理论计算结果也越接近;芯层剪切模量越小,芯层剪切变形可能就会越大,因此,在弯曲分析时更应考虑芯层剪切变形对弯曲挠度的影响。在夹层梁挠度计算方面,特别是在1969年[120],得到了考虑芯层剪切变形影响的夹层梁三点弯曲挠度计算公式后,许多学者以此为参考做了许多相关研究,其主要思路总结如下。

由于夹层梁弯曲时不同于实心均质梁,认为其挠度包括弯曲挠度 w_1 和由于芯层剪切变形而产生的附加挠度 w_2,因此剪力和弯矩也分成两部分,即 Q_1、Q_2 和 M_1、M_2,假设上下面板为同厚度、同材料,面板材料弹性模量为 E_f,则:

$$Q_1 = -Dw_1''' = -E_f(J-J_f)w_1''' - E_fJ_fw_1''' \tag{6-1}$$

其中,$J=\frac{bt_f^3}{12}+\frac{bt_f\ (H-t_f)^2}{2}+\frac{bh_c^3}{12}$;$J_f=\frac{bt_f^3}{6}$。

式(6-1)等号右边第一项表示面板无抗弯刚度时夹层梁所承受的剪力,剪应力沿芯层厚度方向不变,沿面板线性减到零,τ_c 为芯层中的剪应力。此时,式(6-1)可写成:

$$Q_1 = b(H-t_f)\tau_c - E_fJ_fw_1''' \tag{6-2}$$

芯层剪切变形为:

$$\gamma_c = \frac{\tau_c}{G_c} \tag{6-3}$$

该芯层剪切变形会对夹层梁带来对应的附加挠度 w_2,此时,面板承受的弯矩 M_2 和剪力 Q_2 为:

$$\left.\begin{aligned} M_2 &= -E_fJ_fw_2'' \\ Q_2 &= M_2' \end{aligned}\right\} \tag{6-4}$$

由文献[121]可知:

$$w_2' = -\frac{D}{AG_c}\left(J-\frac{J_f}{J}\right)w_1''' = -\frac{Q_1}{AG_c}\left(1-\frac{J_f}{J}\right) \tag{6-5}$$

总的剪力 $Q=Q_1+Q_2$,其中 $Q_2=-E_fJ_fw_2'''$,将其代入式(6-5),得到二阶微分方程式:

$$Q_1'' - \alpha^2 Q_1 + \alpha^2 Q = 0 \tag{6-6}$$

其中,$\alpha^2 = AG_c/E_fJ_f\left(1-\frac{J_f}{J}\right)$。

求解微分方程(6-6),得到 Q_1,从而得到 M_1、w_1,并由此得到 M_2、w_2。

对于三点弯曲,梁右半边相当于悬臂梁,得:

$$Q_1 = C_1\mathrm{ch}\alpha x + C_2\mathrm{sh}\alpha x - \frac{P}{2} \tag{6-7}$$

连续积分 3 次可以求得 f_1,然后可得到 f_2',再积分可得 f_2。根据边界条件和连续条件求出 6 个积分常数,可以得到跨中的挠度 $f_{\max}$:

$$f_{\max} = \frac{pl^3}{24E_f bt_f\ (H - t_f)^2} + \frac{pl}{4AG_c}\left(1 - \frac{J_f}{J}\right)^2 \varphi_1 \tag{6-8}$$

其中,$\varphi_1 = 1 - \dfrac{\mathrm{sh}\theta + \beta(1 - \mathrm{ch}\theta)}{\theta}$;$\beta = \dfrac{\mathrm{sh}\theta}{\mathrm{ch}\theta}$;$\theta = \dfrac{al}{2}$。

略去面板和芯层的弯曲刚度,可以将跨中挠度简化为:

$$f_{\max} = \frac{pl^3}{48\ (EI)_{eq}} + \frac{pl}{4\ (AG_c)_{eq}} \tag{6-9}$$

式(6-9)为通用的夹层梁三点弯曲挠度计算理论公式。其中,$(EI)_{eq} = \dfrac{E_f bt_f\ (h + t_f)^2}{2} + \dfrac{E_f bt_f^3}{6} + \dfrac{E_c bh^3}{12}$;$(AG)_{eq} = \dfrac{G_c b\ (h + t_f)^2}{h}$;$E_c$、$G_c$ 分别为夹芯层等效弹性模量和剪切模量。由于等效夹芯层弹性模量与面板弹性模量有数量级上的差距,当 t_f/H 很小时,等效弯曲刚度和剪切刚度可以近似简化。

上述推导过程是针对芯层为连续介质,假定了芯层剪切应力沿高度方向不变。如果芯层为非连续介质,由于其芯层多孔特点,在横向荷载作用时,易发生纵向变形,其剪切变形对整体挠度影响情况尚不可知。为了考察对于二级层级褶皱夹层梁挠度计算是否需要考虑剪切变形的影响,将考虑剪切变形影响的夹层梁弯曲理论计算挠度和不考虑剪切变形影响的梁纯弯曲理论计算挠度分别与有限元结果进行对比,采用壳(shell)单元,在大型通用有限元软件 ANSYS 中建立不同跨高比的夹层梁有限元模型,跨中施加集中荷载,以有限元计算得到的跨中挠度结果作为参考解,分别将各理论公式所得挠度与之进行比较。夹层梁完整弯曲刚度为 $E_f bt_f\ (h + t_f)^2/2 + E_f bt_f^3/6 + E_c bh^3/12$,由于 t_f/h 通常很小,芯层弹性模量 E_c 与面板弹性模量 E_f 有数量级的差距,因此通常对夹层梁弯曲刚度进行简化,只取第一项。本书在理论计算时,分别对完整弯曲刚度和简化弯曲刚度进行了理论计算,挠度误差分布情况如图 6-1 所示。

由图 6-1 可知,对于采用不同理论公式计算的挠度误差情况,考虑剪切变形影响的挠度计算结果偏大,而不考虑剪切变形影响的计算结果则明显偏小,所有理论计算公式结果都随跨高比增大而误差减小。有试验也证明了这一点:三点弯曲夹层梁跨距越小,芯层剪切附加挠度所占比例越大,因此跨高比越小误差越大[121]。其原因是梁的跨高比越大,同样的荷载工况下产生的弯矩越大,从而由弯矩导致的变形也越大,占到主导地位。由于不考虑剪切变形影响会低估结构挠度,依此进行设计则会使得结构偏危险,因此必须考虑芯层剪切变形影响。当 $L/H>15$ 时,采用完整弯曲刚度计算的挠度误差控制在 ±20% 内;而采用简化的弯曲刚度计算结果,则要在 $L/H>20$ 时,误差才能控制在 ±20% 以内。可见采用完整弯曲刚度计算具有更高的精度。在实际工程中,梁的跨高比通常控制在 6 ~ 18 范围内,此时理论公式与实际情况差距较大,所以有必要对公式进行修正。

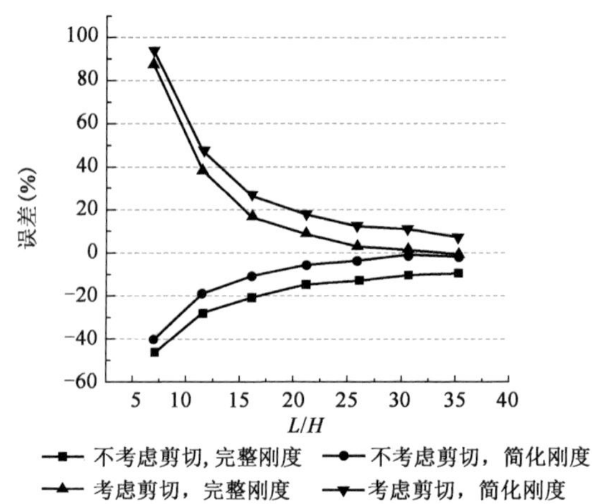

图 6-1 基于不同理论的三点弯曲二级层级褶皱夹层梁跨中挠度误差分布图

6.3 对挠度计算公式的修正

由 6.1 节考虑芯层剪切变形影响的夹层梁三点弯曲挠度理论计算过程可知,在对芯层剪切变形分析时假设了芯层是连续介质,而二级层级褶皱结构夹芯空隙率很大,芯层支撑在剪力作用下易发生纵向弯曲,并不参与夹层梁挠度方向的变形。事实上,只有大支撑表面板对结构的剪切变形有作用。将长度为 $l\cos\theta+l_1\sin\theta_1/\sin\theta$ 的半单胞构件隔离出来,如图 6-2 所示,由于上下有对称的两个大三角孔洞,从中间将其一分为二,在上下每一部分中仅有长度为 $l\cos\theta/2$ 的大支撑表面板对剪切变形有贡献,因此,引入一个与结构形式相关的修正系数:

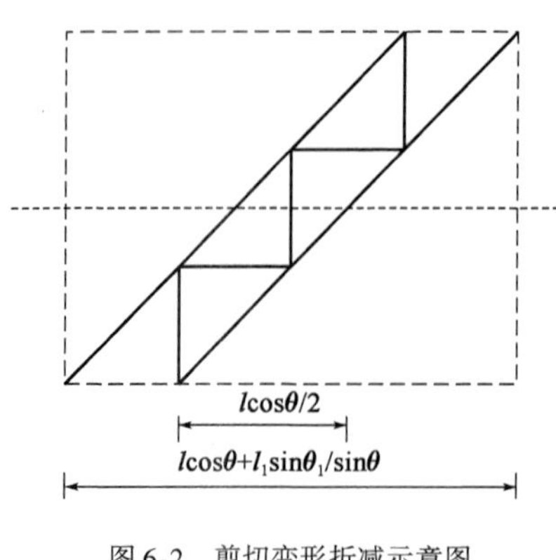

图 6-2 剪切变形折减示意图

$$K = \frac{l\cos\theta}{2(l\cos\theta + l_1\sin\theta_1/\sin\theta)} \tag{6-10}$$

三点弯曲跨中挠度变为：

$$f = \frac{pl^3}{48\ (EI)_{\mathrm{eq}}} + K\frac{pl}{4\ (AG_{\mathrm{c}})_{\mathrm{eq}}} \tag{6-11}$$

考虑芯层剪切变形影响，对修正前后的挠度理论计算结果与有限元结果进行对比，其误差分布对比如图 6-3 所示。可以看出，无论是否考虑面板弯曲刚度，修正后的挠度计算公式精度都大大提高。在跨高比 5～35 范围内，采用简化后弯曲刚度计算的理论挠度误差都控制在 15% 以内，而采用完整弯曲刚度计算的理论挠度误差都控制在 10% 以内。在跨高比较小时，尤其是在梁通常所用跨高比在范围 6～18 内，挠度理论计算结果精度提高非常明显，误差从之前的 90% 左右降到了 10% 以内。

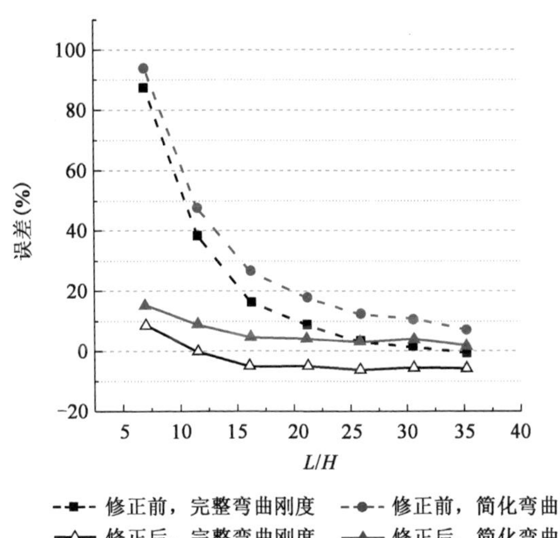

图 6-3　改进前后的误差分布对比

6.4　挠度公式随几何参数变化的精度变化

选取几组几何设计参数，通过与有限元计算结果进行比较，分别对其精度情况进行考察，以此来考察修正后的三点弯曲挠度理论公式的适用性。理论计算时取完整弯曲刚度，修正前后的误差分布情况如图 6-4 所示。

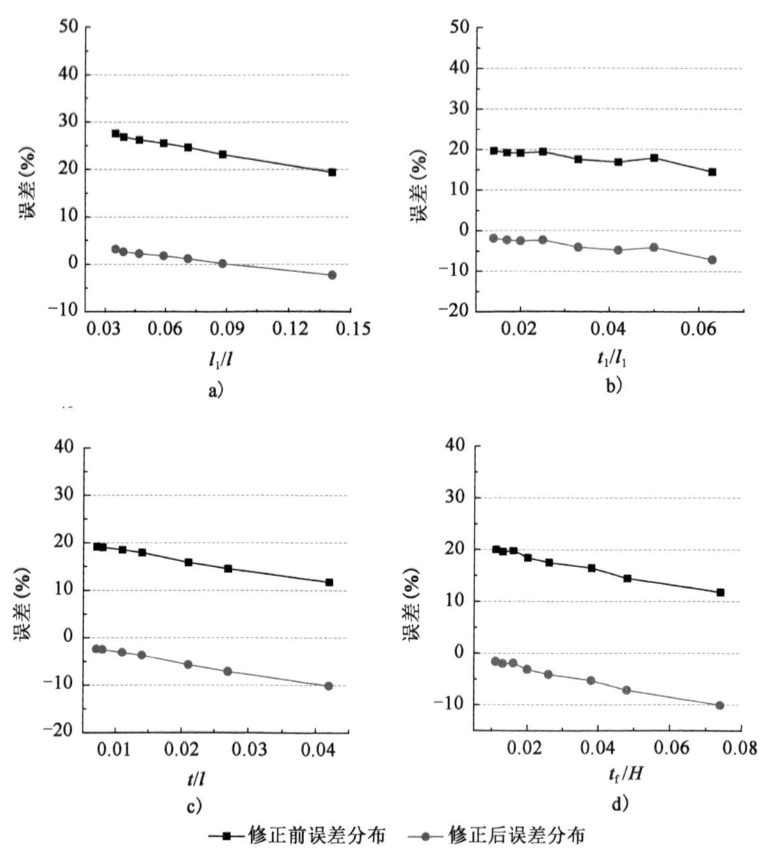

图 6-4　不同参数下修正前后误差分布比较

图 6-4 表明,参数 t/l 和 t_f/H 对精度影响较大,l_1/l 和 t_1/l_1 对精度影响较小。l_1/l 和 t_1/l_1 的变化可以理解为 l_c 的改变,而其对夹层梁的刚度作用很小,故其对计算结果的影响较小。而 $H \approx l\sin\theta = h$, t/l 和 t_f/H 的变化可以理解为 l 的改变或者表面板厚度(t 和 t_f)的改变,夹层梁弯曲刚度为 $(EI)_{eq} = \dfrac{E_f b t_f\ (h+t_f)^2}{2} + \dfrac{E_f b t_f^3}{6} + \dfrac{E_c b h^3}{12}$,剪切刚度为 $(AG)_{eq} = \dfrac{G_c b\ (h+t_f)^2}{h}$, 其中 E_c、G_c 由文献[6]给出,$E_c = 2E\dfrac{\sin^3\theta}{\cos\theta}\left(\dfrac{t}{l}\right)$,$G_c = E\sin2\theta\left(\dfrac{t}{l}\right)$,可见 t/l 直接影响 E_c、G_c,t_f 和 l 的变化也对夹层梁刚度产生直接影响,故其对计算结果有较大影响。而修正后的精度大大提高,在参数变化范围内误差都控制在 10% 以内;当 l_1/l 取值范围为 0.03 ~ 0.15 时,误差从修正前的 20% ~30% 降到了 5% 以内。精度较高

且变化平缓也表明了理论公式具有较大的适用范围。

6.5　模型的数值验证

二级层级褶皱夹层梁三点弯曲示意图如图 6-5 所示。

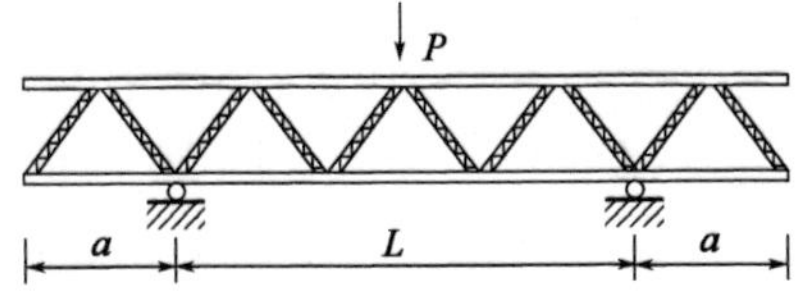

6-5　二级层级褶皱夹层梁三点弯曲示意图

采用 Shell 单元在有限元分析软件 ANSYS 中建立有限元模型，梁两个简支支座间跨度为 L，在梁两端支座外伸长度为 a；在跨中位置施加集中荷载 P，为避免应力集中导致试验失败，在有限元模型中做局部均匀分布处理。组成二级层级褶皱夹层梁的材料均为铝合金材料，材料参数为 $E=69\text{GPa}$，$\nu=0.3$。夹芯与面板间的夹角 $\theta=\theta_1=45°$，一级层级夹层支撑表面板的厚度和长度分别为 $t=1.5\text{mm}$，$l=2nl_1\cos\theta_1$。芯板的厚度和长度分别为 $t_1=0.5\text{mm}$，$l_1=20\text{mm}$，外表面板厚度 $t_f=2\text{mm}$。取理论公式计算结果与有限元计算跨中挠度进行对比，各算例相关参数与误差结果见表 6-1。

算例相关参数及误差　　表 6-1

算例	t_1	t	t_f	l_1	l	a	L/H	θ	P	误差(%)
算例 1	0.5	1.5	2	20	198	640	16	45	150	5.75
算例 2	0.5	1.5	2	**40**	396	1280	16	45	290	5.09
算例 3	0.5	1.5	**1**	20	198	640	16	45	150	0.76
算例 4	0.5	**3**	2	20	198	640	16	45	150	1.12
算例 5	**1**	1.5	2	20	198	640	16	45	150	5.47
算例 6	1	1.5	2	20	198	461	9.4	**60**	150	1.47

注：表中长度单位为 mm，角度单位为°，荷载单位为 N。

算例 2 ~ 算例 5 是在算例 1 的基础上分别改变单一参数值，算例 6 是在算例 5 的基础上改变 θ，通过单一参数的改变考察理论公式对该变量的敏感性。由表 6-1 中可以看出，总体而言，理论公式的计算精度较高，算例误差皆在 6% 以内。通过单一参数改变的前后误差可知，在其他参数不变的情况下，改变 t 或 t_f 对结果精度影响较大，增加其数值可以使结果误差减小；改变 t_1 或 l_1 的值对结果精度影响较小。其原因在于三点弯曲工况下,上下表面承受弯矩,芯层承受剪切,而芯层的剪切主要受力部位在大支撑表面板,大支撑芯层构件主要起到连接上下面板的作用,真正承力构件为夹层梁上下面板和芯层大支撑的面板,所以 t 或 t_f 对结果精度影响较大,t_1 或 l_1 的值对结果精度影响较小。算例 6 是增大了二级夹芯支撑与外表面板的夹角,在其他参数不变的情况下,减小了夹层梁的跨高比。通过对修正系数的定义和图 6-2 可以发现,在 0° ~ 90°范围内 θ 越大,斜支撑上下两个三角形孔洞区域越小,修正系数值越接近 1;当 θ 为 90°时,三角形孔洞消失,此时即可以认为芯层为连续介质层。因此,由折减带来的影响也逐渐减小,精度提高。无论改变什么参数,算例的误差都在 6% 以内,证明了理论解的可靠性。

6.6 本章小结

本章针对二级层级褶皱夹芯夹层梁弯曲行为进行了分析,将二级层级褶皱结构失效模式分析的板模型应用到夹层梁失效模式分析中。与传统夹层梁连续介质夹芯相比,多孔夹芯失效模式更加丰富。将夹层梁截面剪力作为引起夹芯失效的外部荷载输入,从弹塑性屈曲和屈服角度将夹芯由剪切引起的失效细化为 6 种失效模式,得到了各种失效模式对应的极限荷载表达,通过梁截面剪力与外部荷载关系可以得到二级层级褶皱夹芯夹层梁的承载能力。基于各失效模式对应的夹层梁承载力表达式构建了失效机理图,通过对失效模式间的边界分析,得到了与几何参数 l_1/l 和 t_f/H 相关的界限值,并得出了两个结论。此外,结合有限元分析,讨论了不同几何参数对失效机理的影响。

由于多孔夹芯结构在横向剪力作用下会产生纵向位移,使得芯层剪切变形对夹层梁挠度的作用减弱。因此,提出了与夹芯结构形式相关的修正系数,将芯层剪切变形对夹层梁挠度的作用进行了折减,使得三点弯曲挠度理论解精度大大提高。分析了不同几何参数对修正后理论公式精度的影响,发现参数 t/l 和 t_f/H 对公式精度影响较大,l_1/l 和 t_1/l_1 对精度影响较小。通过对修正前后的理论计算结果误差进行对比发现,在各几何参数取值范围内,修正后的理论计算结果误差都控制在 10% 以下。通过改变单一几何参数的方式构造了多个数值算例,分析了单一几何参数改变对公式精度带来的影响,发现夹层梁在弯曲荷载作用下真正承力构件为夹层梁上下面板和芯层大支撑的面板, t 和 t_f 的值对结果精度影响较大,t_1 和 l_1 的值对结果精度影响较小。另外,所有算例误差都控制在 6% 以内,说明理论公式具有较高的精度。

第 7 章　二级层级褶皱结构等效弹性常数

7.1　引言

复杂板壳结构的结构性能与结构组成密切相关，如不同的加筋形式、复合材料的铺层角度和性能等。各向同性金属材料经过不同结构构型组合，也具有各向异性特性，不同的结构构型会带来千差万别的结构性能。此外，复杂板壳结构通常涉及较多结构参数，有些参数甚至量级差别很大，导致在分析设计中参数选取复杂、计算量大。因此，通过等效方法进行复杂板壳结构力学性能表征，能大大简化层级结构的分析设计工作。事实上，对于复杂板壳结构，由于不同的构造形式，其弹性常数与母体材料的弹性常数迥异。许多学者为获得复杂板壳结构的弹性常数，开展了复合板件的等效非经典理论[122]、蜂窝夹芯板的等效[123-124]以及其他不同结构的等效研究[66-70]。例如，Markaki[78]对不锈钢纤维 3 种不同组合形式组成的夹层板的力学行为进行了探讨，测得了其刚度以及厚度方向的弹性模量。周廷美等[69]针对瓦楞芯层的变形特点，给出了一种考虑芯层弯曲刚度的夹层板模型，采用多步均匀化的方法将夹层板等效为正交各向异性的均质板，最后基于变形协调计算夹层结构的等效弹性模量。石勇[84]等基于 Hoff 夹层板理论，推导出夹层板广义的应力—应变关系式，得到了等效板的弹性常数，建立了考虑表层抗弯刚度的夹层板静力学等效模型。周加喜[85]等从应变能等效出发，将具有周期性分布的夹层板类桁架夹芯与各向异性连续材料等效，给出了相应的宏观等效弹性常数。

对于褶皱夹芯板的弹性等效，从 20 世纪 50 年代开始就不断有学者对其进行相关研究。例如，Libove 等[71]给出了各向异性波纹夹芯板等效弹性常数；王红霞[72]和王青伟[73]等在其基础上对三角形夹芯板夹芯层的等效各向异性弹性常数进行了推导和修正,并对三角形桁架夹芯板进行了参数优化设计。Kazemahvazi[74-75]给出了层级褶皱夹芯在压缩和剪切荷载条件下的名义正应力和名义剪应力。总体而言,上述研究对象都是将由各向同性材料构成的单一芯层等效为正交各向异性材料,未涉及由该类芯层组成的夹层板整体的弹性常数等效。事实上,夹层板的面板相比于芯层,其弹性常数一般要高 1 ~ 2 个数量级。在分析夹层板的性能时,由于面板与芯层的变形协调关系,需要将面板与芯层作为整体考虑。此外,对于由各向异性材料组成的芯层等效弹性常数方面的研究尚未见到文献报道。

二级层级褶皱结构也可视为一种周期性多孔结构,属于非均质介质,直接采用连续介质理论对此类结构进行分析非常困难。而在现有的处理方法中,多孔结构常被处理成均质连续介质,将具有周期性特征的结构均质化,用一系列弹性参数和宏观本构方程来描述其宏观等效力学性能。此外,二级层级褶皱结构具有高比强度、高比刚度的优点,在大型结构中有广阔的应用前景。在对大型结构进行有限元分析时,若将二级层级褶皱结构中各构件都用板单元模拟,则会带来非常大的计算量。将夹层结构用等效均质板来代替,为利用有限元软件进行计算提供方便。因此,分析二级层级褶皱结构的等效弹性常数具有重要意义。

本章以层级结构的自相似基本单元为着眼点,通过面板与芯层的变形协调条件,首先进行一级等效,得到一级褶皱夹芯夹层板的正交各向异性等效弹性常数;然后将二级层级褶皱结构夹层板看作由一级斜支撑结构做夹芯组成的三角夹芯夹层板,其一级层级褶皱结构(一级斜支撑结构)本身也为三角夹芯夹层板,如图 7-1 所示。由于一级等效得到的正交各向异性材料弹性主轴与二级层级结构所在坐标系不一致,因此通过坐标转换得到一级等效材料在二级层级结构所在坐标系的本构关系,再对二级层级褶皱夹芯夹层板进行二级等效。先对夹芯结构进行“三明治”等效,得到芯层的等效弹性常数,再由变形协调条件得到二级层级褶皱结构夹层板等效的正交各向异性材料弹性常数,最后结合数值方法讨论几何参数对等效公式的精度影响,并结合二级层级褶皱夹芯梁三点弯曲挠度计算,将等效弹性常数与文献所给的弹性常数进行对比发现,基于本书等效弹性常数计算的挠度精度更高。

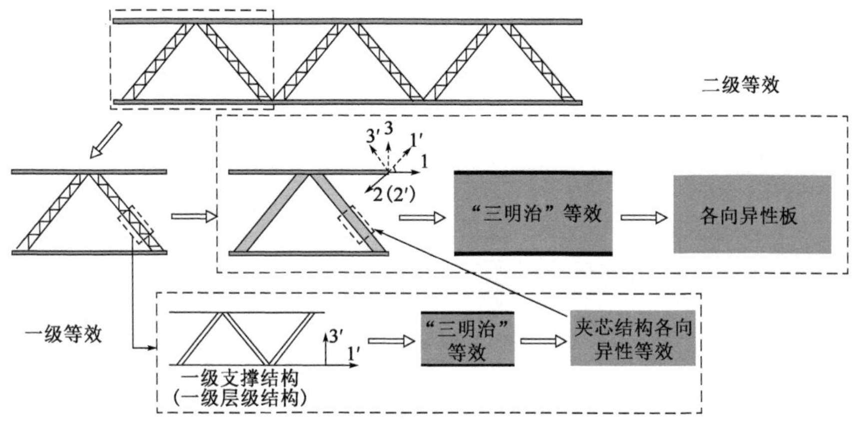

图7-1　二级层级褶皱结构等效过程示意图

7.2　一级层级结构等效弹性常数

假定二级层级褶皱结构各组成构件由同一种各向同性金属材料制成，其弹性常数为 E、G 和 ν。如图7-2所示，一级层级褶皱结构上下面板厚度为 t，夹芯斜支撑板厚度为 t_1，斜支撑板长度为 l_1，与面板水平方向夹角为 θ_1，二级层级结构上下面板厚度为 t_f，一级层级褶皱结构长度为 l，与面板水平方向夹角为 θ。设定一级层级褶皱结构整体等效弹性模量表示为 E_i，夹芯的弹性模量表示为 E_{ci}，剪切模量分别表示为 G_{ij} 和 G_{cij}，泊松比分别为 ν_{ij} 和 ν_{cij}，二级层级结构相应弹性常数则分别为 E_{ci}^*、E_i^*、G_{cij}^*、G_{ij}^*、ν_{cij}^* 和 ν_{ij}^*。由于本书考查的是等效的弹性常数，因此假定结构变形均在线弹性变形范围内，忽略夹芯板局部屈曲行为。

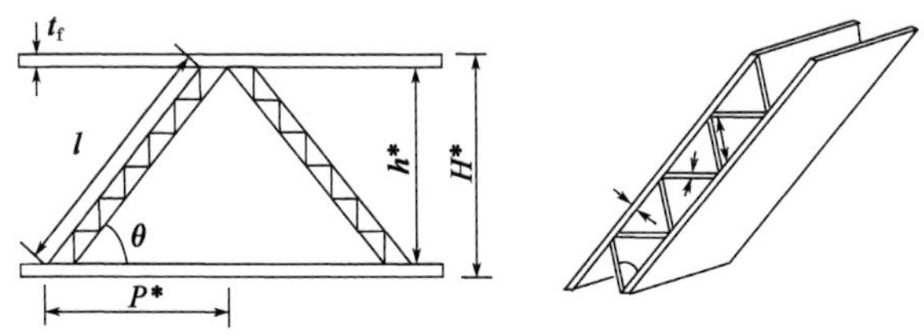

图7-2　二级层级褶皱结构及一级支撑结构示意图

一级等效是指先将一级层级褶皱结构夹芯层等效为正交各向异性均质板，再通过变形协调条件将夹层板整体等效为正交各向异性板(图7-1)，其中芯层等效弹性常数根据文献[71-73]的研究成果可得：

$$\left.\begin{aligned}
&E_{c1}=\frac{Et_1^3\cos\theta_1}{h^3\left[1+\left(\frac{t_1}{h}\right)^2\cos^2\theta_1\right]} \quad E_{c2}=\frac{t_1}{l_1}\frac{2E}{\sin2\theta_1} \quad E_{c3}=E\frac{t_1}{l_1}\frac{\sin^4\theta_1}{\cos\theta_1}\\
&G_{c12}=G\frac{t_1}{l_1}\frac{\cos\theta_1}{\sin\theta_1} \quad G_{c23}=G\frac{t_1}{l_1}\frac{\sin\theta_1}{\cos\theta_1} \quad G_{c13}=E\frac{t_1}{l_1}\sin\theta_1\cos\theta_1\\
&\nu_{c13}=\frac{\sin^2\theta_1(l^2-t_1^2)}{p^2+t_1^2\sin^2\theta_1} \quad \nu_{c12}=\nu \quad \nu_{c32}=\nu
\end{aligned}\right\} \tag{7-1}$$

7.2.1 一级褶皱夹层结构等效弹性模量

在荷载作用下,一级褶皱夹层结构的面板与芯层变形具有一致性。面板对芯层的变形具有约束作用,若仅用芯层的等效弹性常数来表征夹层结构的材料属性,则会使得计算结果不准确。因此,有必要对夹层结构进行“三明治”等效,获得其夹层结构整体弹性常数。因而一级等效的第二步是通过变形协调条件将夹芯板整体等效为正交各向异性板,在所示夹层单元上沿各轴向分别施加荷载,根据“三明治”结构变形协调条件,将等效夹层板等效为正交各向异性实板(图 7-3),假定在 1 轴向力 F_1 作用下结构单元变形为 Δl,则:

$$F_1=\frac{\Delta l}{s}(2t_fbE_f+hbE_{c1}) \tag{7-2}$$

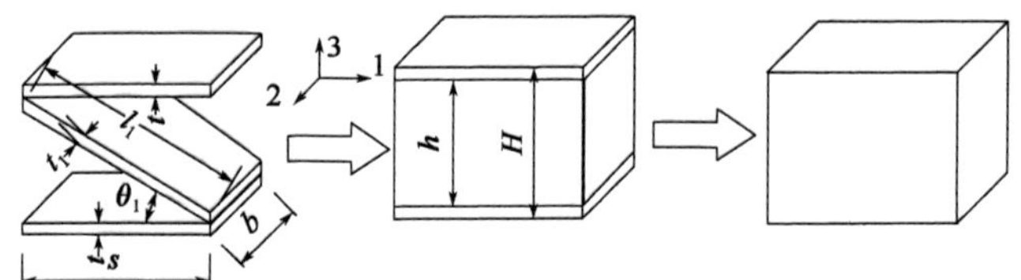

图 7-3　一级支撑结构“一级等效”示意图

其中,根据文献[6]有:

$$E_{c1}=\frac{Et_1^3\cos\theta_1}{h^3\left[1+\left(\frac{t_1}{h}\right)\cos^2\theta_1\right]} \tag{7-3}$$

相对应等效单元受到的水平力与之一致,则

$$F_1=\frac{\Delta l}{s}E_1Hb \tag{7-4}$$

从而得:

$$\frac{\Delta l}{s}(2t_f bE_f + hbE_{c1}) = \frac{\Delta l}{s}E_1 Hb \tag{7-5}$$

$$E_1 = \frac{2t_f}{H}(E_f - E_{c1}) + E_{c1} \tag{7-6}$$

根据文献[71]中的结果，$E_{c2} = Et_1/s\sin\theta_1$，在层级结构代表单元2方向施加拉力$F_2$，使之产生$\Delta l$的变形，则$F_2$可表示为：

$$F_2 = \frac{\Delta l}{b}(2t_f sE_f + hsE_{c2}) = \frac{\Delta l}{b}E_2 sH \tag{7-7}$$

所以2方向等效弹性模量为：

$$E_2 = \frac{2t_f}{H}(E_f - E_{c2}) + E_{c2} \tag{7-8}$$

文献[72-73]中皆对夹芯在3方向等效弹性模量进行了推导，但是均未考虑上下面板对夹芯结构变形约束的影响。因此，在夹层结构中得出的变形比实际变形偏大。本书考虑了上下面板对夹芯结构变形的约束，重新推导其等效弹性模量。如

$$\bar{\rho} = \frac{t_1}{l_1}\frac{2}{\sin 2\theta_1} \tag{7-9}$$

在3轴向荷载作用下，夹芯结构在3方向的变形为：

$$\delta = \frac{l}{4(\sin^2\theta)Et} \tag{7-10}$$

故，单元夹芯的等效弹性模量为：

$$E_{c3} = \frac{t}{l}\frac{E\sin^3\theta}{\cos\theta} \tag{7-11}$$

单元在3方向轴力F_3作用下，3方向总的压缩量为上下面板和夹芯压缩量之和，与等效单元变形相等，则：

$$\varepsilon_z H = 2t_f\varepsilon_f + h\varepsilon_{c3} \tag{7-12}$$

由胡克定律有：$\sigma_z = E_z\varepsilon_z$，$\sigma_{fz} = E_{fz}\varepsilon_{fz}$，$\sigma_{cz} = E_{cz}\varepsilon_{cz}$，而$\sigma_z = \sigma_{fz} = \sigma_{cz}$，故

$$\frac{H}{E_3} = \frac{2t_f}{E_f} + \frac{h}{E_{c3}} \tag{7-13}$$

得

$$E_3 = \frac{HE_f E_{c3}}{2t_f E_{c3} + hE_f} \tag{7-14}$$

所以，一级褶皱夹层结构的各轴向等效弹性模量可以写成：

$$\left.\begin{aligned} E_i &= \frac{2t_f}{H}(E - E_{ci}) + E_{ci} \qquad (i=1,2) \\ E_i &= \frac{HE_fE_{ci}}{2t_fE_{ci} + hE_f} \qquad (i=3) \end{aligned}\right\} \tag{7-15}$$

7.2.2 一级褶皱夹层结构等效剪切模量

文献给出了芯层的等效剪切模量,但是在夹层结构中,面板与芯层具有变形一致性。由于面板的弹性常数相对芯层而言要高,所以,在实际变形中,面板对芯层变形有约束作用。仅仅考虑芯层的变形会使得变形增大,以此来衡量夹层结构的性能则会被低估。本书将面板与芯层的变形协调一致性进行考虑,对一级褶皱夹层结构整体的剪切模量进行等效计算。如图 7-4a)所示,在剪力 Q 作用下,结构的剪切变形为:

$$\Delta_1 = 2\Delta_f + \Delta_c \tag{7-16}$$

式中:Δ_f——面板剪切变形;

Δ_c——芯层剪切变形。

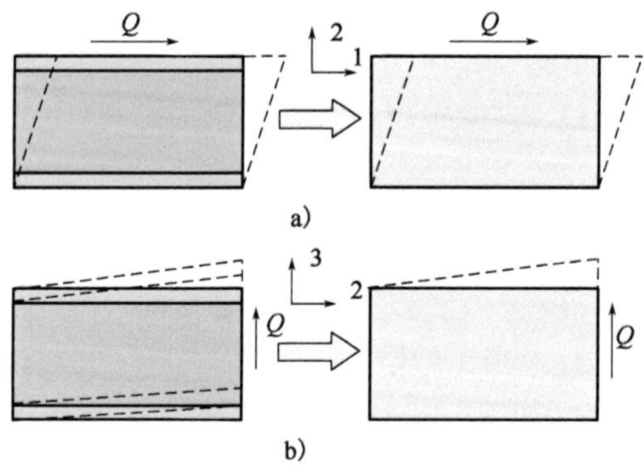

图 7-4　一级支撑结构“三明治”等效模型剪切示意图

一级支撑结构外表面板和夹芯的剪切应变分别为 γ_{f12} 和 γ_{c12},结构剪切应变为 γ_{12},则式(7-16)可以改写为:

$$H\gamma_{12} = 2t\gamma_{f12} + h\gamma_{c12} \tag{7-17}$$

由于 $\tau = \gamma G, \tau_{12} = \tau_{f12} = \tau_{c12}$,代入式(7-17)可得:

$$\frac{1}{G_{12}} = \frac{2t_f}{H}\left(\frac{1}{G_f} - \frac{1}{G_{c12}}\right) + \frac{1}{G_{c12}} \tag{7-18}$$

当图 7-4a)中所示的平面为 13 平面时,有 $\tau = \tau_f = \tau_c$,同样根据变形协调特点可以得到等效剪切模量为:

$$\frac{1}{G_{13}}=\frac{2t_{\mathrm{f}}}{H}\left(\frac{1}{G_{\mathrm{f}}}-\frac{1}{G_{\mathrm{c13}}}\right)+\frac{1}{G_{\mathrm{c13}}} \tag{7-19}$$

当在平面 23 内发生剪切时，如图 7-4b）所示，由等效前后剪切力相等有：

$$H\frac{G_{12}}{\gamma_{12}}=2t\frac{G_{\mathrm{f}}}{\gamma_{\mathrm{f12}}}+h\frac{G_{\mathrm{c12}}}{\gamma_{\mathrm{c12}}} \tag{7-20}$$

此时，有 $\gamma=\gamma_{\mathrm{f}}=\gamma_{\mathrm{c}}$，所以，由式（7-20）可得：

$$G_{12}=\frac{2tG_{\mathrm{f}}}{H}+\frac{hG_{\mathrm{c12}}}{H} \tag{7-21}$$

所以一级褶皱夹层结构的各轴向等效剪切模量可以写成：

$$\left.\begin{aligned}&\frac{1}{G_{\mathrm{i}}}=\frac{2t_{\mathrm{f}}}{HG_{\mathrm{f}}}+\frac{h}{HG_{\mathrm{ci}}}\qquad(i=13,23)\\&G_{\mathrm{i}}=\frac{2t_{\mathrm{f}}}{H}G_{\mathrm{f}}+\frac{h}{H}G_{\mathrm{ci}}\qquad(i=12)\end{aligned}\right\} \tag{7-22}$$

7.2.3　一级褶皱夹层结构等效泊松比

文献[72-73]分别对三角形桁架夹芯层进行了正交各向异性等效泊松比的推导和修正。但是在实际使用中，夹层结构上下面板对夹芯层的变形有约束作用。仅仅考虑夹芯层的等效泊松比，不足以表征夹层结构整体的泊松比。因此，本书基于三角形桁架夹芯层等效结果，利用“三明治”结构变形协调的特点，对一级褶皱夹层板整体各等效泊松比进行推导。

如图 7-5 所示，夹层结构在受到 1 轴向荷载作用时，上下表面板和夹芯的应变分别表示为 ε_{f} 和 ε_{c}，夹芯层等效泊松比 ν_{c} 见式（7-1），上下面板泊松比为 ν。因此，上下面板和夹芯层在 1 轴向荷载作用下 3 轴向的变形分别为：

$$\left.\begin{aligned}&\Delta l_{\mathrm{f3}}=\nu\Delta l_{\mathrm{f1}}\frac{t_{\mathrm{f}}}{P}\\&\Delta l_{\mathrm{c3}}=\nu_{\mathrm{c31}}\Delta l_{\mathrm{c1}}\frac{h}{P}\end{aligned}\right\} \tag{7-23}$$

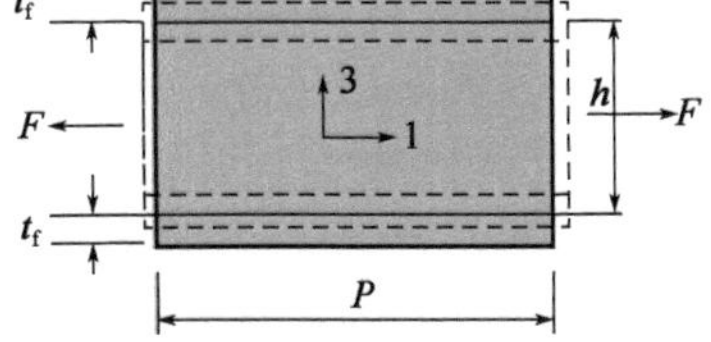

图 7-5　一级支撑结构“三明治”等效模型单轴拉伸示意图

等效结构单元在 3 向的变形为 $\Delta l_3 = \Delta l_{c3} + 2\Delta l_{f3}$，从而：

$$\varepsilon_3 = \frac{\Delta l_3}{H} = \frac{2\nu t_f \Delta l_{f1} + \nu_{c31} h \Delta l_{c1}}{HP} \tag{7-24}$$

由于面板与芯层变形的一致性，有 $\Delta l_1 = \Delta l_{f1} = \Delta l_{c1}$，由泊松比定义可知：

$$\nu_{31} = \frac{\varepsilon_3}{\varepsilon_1} = \frac{2t_f\nu + h\nu_{31}}{H} \tag{7-25}$$

同理可得 ν_{12} 和 ν_{32}，其表达为：

$$\nu_{12} = \nu \quad \nu_{32} = \nu \tag{7-26}$$

故一级支撑结构等效后的应变应力关系可写为：

$$\begin{Bmatrix} \varepsilon_1 \\ \varepsilon_2 \\ \varepsilon_3 \\ \gamma_{23} \\ \gamma_{13} \\ \gamma_{12} \end{Bmatrix} = \begin{bmatrix} \frac{1}{E_1} & -\frac{\nu_{12}}{E_2} & -\frac{\nu_{13}}{E_3} & 0 & 0 & 0 \\ -\frac{\nu_{12}}{E_2} & \frac{1}{E_2} & -\frac{\nu_{23}}{E_3} & 0 & 0 & 0 \\ -\frac{\nu_{13}}{E_3} & -\frac{\nu_{23}}{E_3} & \frac{1}{E_3} & 0 & 0 & 0 \\ 0 & 0 & 0 & \frac{1}{G_{23}} & 0 & 0 \\ 0 & 0 & 0 & 0 & \frac{1}{G_{13}} & 0 \\ 0 & 0 & 0 & 0 & 0 & \frac{1}{G_{12}} \end{bmatrix} \begin{Bmatrix} \sigma_1 \\ \sigma_2 \\ \sigma_3 \\ \tau_{23} \\ \tau_{13} \\ \tau_{12} \end{Bmatrix} \tag{7-27}$$

7.3 一级斜支撑结构等效弹性常数的坐标系转换

二级层级褶皱夹层结构具有结构自相似特性，可将其视为三角形桁架夹芯夹层板，芯层基本构件即 7.1 节等效的正交各向异性实腹板。但是，等效板的弹性主轴与二级层级褶皱结构坐标系的坐标轴并不重合(图 7-6)，而各向异性材料本构与弹性主轴相关。因此，在对二级层级褶皱结构进行等效之前，需要对一级等效后所得正交各向异性材料弹性常数进行坐标转换，以得到等效正交异性材料在新坐标系下的本构关系。

将材料应力-应变关系写成张量形式：

$$\varepsilon_{ij}=s_{ijkl}\sigma_{kl}\quad (i,j,k,l=1,2,3)\qquad (7\text{-}28)$$

其中，柔度张量 s_{ijkl} 与柔度系数 s_{ij} 之间的对应关系为：

$$s_{ij}=\begin{cases}s_{mnkl} & (\text{当 } i,j=1,2,3)\\ 2s_{mnkl} & (\text{当 } i \text{ 或 } j=4,5,6)\\ 4s_{mnkl} & (\text{当 } i,j=4,5,6)\end{cases}\qquad (7\text{-}29)$$

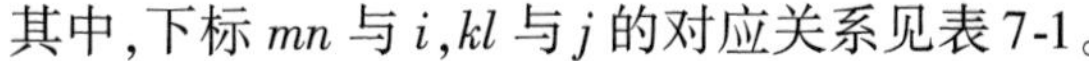
其中，下标 mn 与 i，kl 与 j 的对应关系见表 7-1。

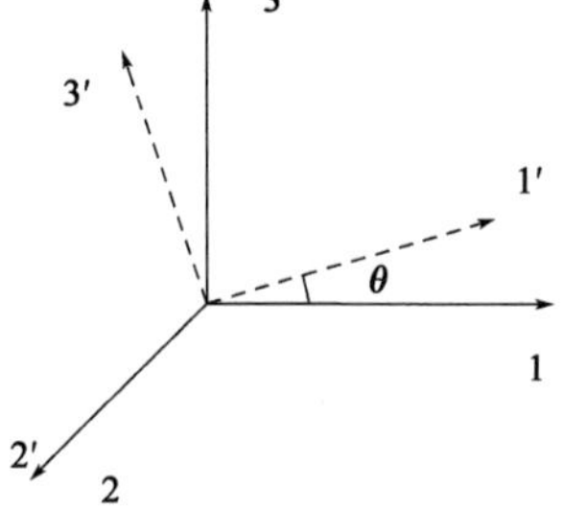

图 7-6　坐标转换示意图

mn 与 i,kl 与 j 的对应关系　　表 7-1

i,j	1	2	3	4	5	6
mn,kl	11	22	33	23	31	12

大支撑结构与面板之间的夹角为 θ，即一级支撑结构等效的各向异性材料的弹性主轴与二级层级结构坐标轴绕 2 轴有 θ 角度的转角。如图 7-6 所示，坐标系 1′、2′、3′为等效材料弹性主轴所在坐标系，坐标系 1、2、3 为二级层级结构所在坐标系。根据张量的坐标变换关系，在新坐标系下柔度张量为 $s'_{ijkl}=s_{mn,p}l_{im}l_{jn}l_{k}l_{lp}$，式中 $l_{ij}=\cos(x'_i,x_j)$，其方向余弦 l_{ij} 见表 7-2。

坐标转换的方向余弦值 l_{ij}　　表 7-2

l_{ij}	1	2	3
1	$\cos\theta$	0	$\sin\theta$
2	0	1	0
3	$-\sin\theta$	0	$\cos\theta$

根据 s_{ijkl} 与 s_{ij} 之间的关系，可以得到 s'_{ij} 与 s_{ij} 的转换关系：

$$s'_{ij}=s_{mn}t_{im}t_{jn},i,j\qquad (m,n=1,2,3,4,5,6)\qquad (7\text{-}30)$$

其中，t_{im}、t_{jn} 为与 l_{ij} 有关的转换系数。

由式(7-30)可得出在新坐标系下的弹性常数。因此，由一级层级褶皱结构夹层板等效的正交各向异性材料在二级层级结构所在坐标系下的弹性系数为：

$$\left.\begin{aligned}&[E'_1\quad E'_2\quad E'_3\quad G'_{23}\quad G'_{13}\quad G'_{12}]=\left[\frac{1}{s'_{11}}\quad \frac{1}{s'_{22}}\quad \frac{1}{s'_{33}}\quad \frac{1}{s'_{44}}\quad \frac{1}{s'_{55}}\quad \frac{1}{s'_{66}}\right]\\ &[\nu'_{12}\quad \nu'_{13}\quad \nu'_{23}]=[-s'_{12}E'_2\quad -s'_{13}E'_3\quad -s'_{23}E'_2]\end{aligned}\right\}\qquad (7\text{-}31)$$

其中，$s'_{11}=\frac{n^4}{E_1}+\left(\frac{1}{G_{12}}-\frac{2\nu_{12}}{E_1}\right)m^2n^2+\frac{m^4}{E_2}$，$s'_{22}=\frac{m^4}{E_1}+\left(\frac{1}{G_{12}}-\frac{2\nu_{12}}{E_2}\right)m^2n^2+\frac{n^4}{E_2}$，$s'_{33}=\frac{1}{E_3}$，$s'_{44}=\frac{n^2}{G_{23}}+\frac{m^2}{G_{13}}$，$s'_{55}=\frac{m^2}{G_{23}}+\frac{n^2}{G_{13}}$，$s'_{66}=4\left(\frac{1}{E_1}+\frac{1}{E_2}+\frac{2\nu_{12}}{E_1}-\frac{1}{G_{12}}\right)m^2n^2+\frac{1}{G_{12}}$，$s'_{12}=\left(\frac{1}{E_1}+\frac{1}{E_2}+\frac{2\nu_{12}}{E_1}-\frac{1}{G_{12}}\right)m^2n^2-\frac{\nu_{12}}{E_1}$，$s'_{13}=-\left(\frac{\nu_{23}}{E_2}m^2+\frac{\nu_{13}}{E_1}n^2\right)$，$s'_{23}=-\left(\frac{\nu_{23}}{E_2}n^2+\frac{\nu_{13}}{E_1}m^2\right)$，$m=\sin\theta$，$n=\cos\theta$。

7.4 考虑芯层弯曲刚度的二级层级结构等效

7.4.1 二级层级结构夹芯层等效弹性模量与泊松比

如图 7-7 所示，斜板为正交各向异性板（一级层级褶皱夹层结构等效板），其弹性主轴所在坐标系与层级结构所在坐标系成 θ 夹角。由于 ν_{cij} 只和 j 向荷载有关，故只要得出 j 轴向荷载和 i 轴向应变关系可得到 ν_{cij}。

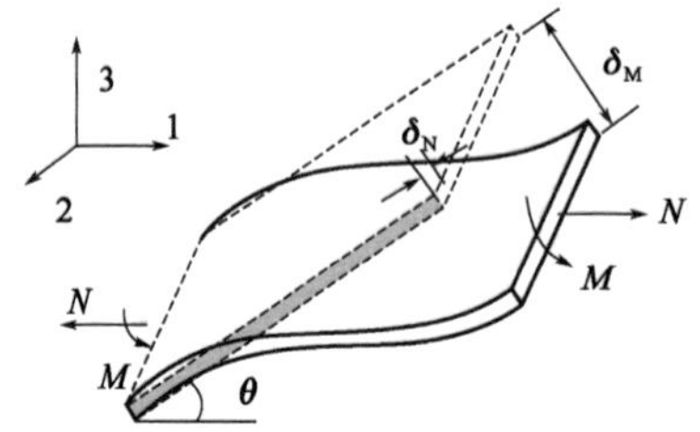

图 7-7　等效斜板胞元 1 方向变形示意图

当层级结构受到 1 方向轴向荷载作用时，有水平力 F 和弯矩 M 作用在斜板两端，斜板 3 轴向和 1 轴向的等效位移分别为：

$$\left.\begin{aligned}\delta_3&=\delta_M\sin\theta+\delta_N\cos\theta=\frac{Fl^3\sin^2\theta}{E_1t_c^{*3}}+\frac{Fl\cos^2\theta}{E_3t_c^*}\\\delta_1&=\delta_M\cos\theta+\delta_N\sin\theta=\frac{Fl^3\sin\theta\cos\theta}{E_1t_c^{*3}}-\frac{Fl\sin\theta\cos\theta}{E_3t_c^*}\end{aligned}\right\}\tag{7-32}$$

其中，$F=\sigma_{c1}l\sin\theta$，$t_c^*=2t+l_1\sin\theta_1$，σ_{c1}为芯层在水平力作用下的等效应力。从而有：

$$E_{c1}^*=\frac{\sigma_{c1}}{\varepsilon_{c1}}=\frac{\left(\frac{t_c^*}{l}\right)^3\cot\theta}{\frac{\sin^2\theta}{E_1}+\left(\frac{t_c^*}{l}\right)^2\frac{\cos^2\theta}{E_3}}\tag{7-33}$$

$$\nu_{c31}^{*} = -\frac{\varepsilon_3}{\varepsilon_1} = -\frac{E_3 + E_1\left(\frac{t_c^*}{l}\right)^2\cot^2\theta}{E_3 - E_1\left(\frac{t_c^*}{l}\right)^2} \tag{7-34}$$

当层级结构受到3方向轴向荷载作用时,由文献[6]可得:

$$E_{c3}^{*} = 2E\frac{t_c^*}{l}\frac{\sin^3\theta}{\cos\theta} \tag{7-35}$$

在层级结构受到2轴向荷载作用时,夹芯和等效层受力以及应变相等,可得:

$$E_{c2}^{*} = \frac{t_c^*}{l}\frac{2E_2'}{\sin 2\theta} \tag{7-36}$$

夹芯在2方向等效应变为 $\varepsilon_2 = \sigma_2/E_2 = \sigma_{c2}/E_{c2}^*$,等效板 l 方向上的应变为 $\varepsilon_l = \nu_{12}'\varepsilon_2$,在1方向轴向等效应变可表示为:

$$\varepsilon_1 = -\frac{1}{p^*}\int_0^l \nu_{12}'\frac{\sigma_{c2}}{E_{c2}^*}\cos\theta dl = -\frac{\nu_{12}'\sigma_{c2}}{E_{c2}^*} \tag{7-37}$$

由 $\varepsilon_1/\varepsilon_2$ 可得 ν_{c12}^*,同理可得 ν_{c32}^*,其表达式为:

$$\nu_{c12}^{*} = \nu_{12}' \quad \nu_{c32}^{*} = \nu_{32}' \tag{7-38}$$

7.4.2 二级层级结构夹芯层等效剪切模量

如图7-8所示,当结构受到剪切应力 τ 作用时会因此产生剪切变形。

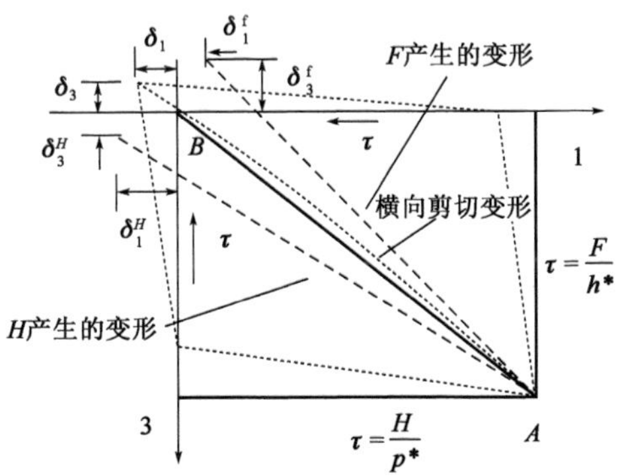

图7-8 等效斜板胞元横向剪切变形示意图

将剪切应力 τ 等效为水平集中力 H 和竖向集中力 F 共同作用,这样 B 点位移可以看作水平位移 δ_1 和竖向位移 δ_3 的矢量和,其中

$$\left.\begin{aligned}\delta_1=\frac{Hl^3\sin^2\theta}{E_3t_c^{*3}}+\frac{Hl\cos^2\theta}{E_3t_c^*}-\frac{Fl^3\sin\theta\cos\theta}{E_3t_c^{*3}}+\frac{Fl\sin\theta\cos\theta}{E_3t_c^*}\\ \delta_3=\frac{Fl^3\cos^2\theta}{E_3t_c^{*3}}+\frac{Hl\sin^2\theta}{E_3t_c^*}-\frac{Hl^3\sin\theta\cos\theta}{E_3t_c^{*3}}+\frac{Hl\sin\theta\cos\theta}{E_3t_c^*}\end{aligned}\right\}\tag{7-39}$$

等效剪应变和剪切应力为：

$$\gamma=\frac{\delta_1}{h^*}+\frac{\delta_3}{p^*}=\frac{H}{E't_c^*}\frac{1}{\sin\theta\cos^2\theta}\quad \tau=\frac{H}{p^*}=\frac{F}{h^*}\tag{7-40}$$

其中，$p^*=l\cos\theta, h^*=l\sin\theta$。

根据式(7-39)、式(7-40)可得剪切模量：

$$G_{c13}^*=E'\frac{t_c^*}{l}\sin\theta\cos\theta\tag{7-41}$$

参照文献[71]中的研究结果，可得：

$$G_{c12}^*=\frac{G'_{12}t_c^*\cos\theta}{l\sin\theta}\quad G_{c23}^*=\frac{G'_{23}t_c^*\sin\theta}{l\cos\theta}\tag{7-42}$$

根据变形协调条件，易得二级层级结构整体等效弹性常数如下：

$$\left.\begin{aligned}&E_1^*=\frac{2t_f}{H^*}(E_f-E_{c1}^*)+E_{c1}^*\quad E_2^*=\frac{2t_f}{H^*}(E_f-E_{c2}^*)+E_{c2}^*\quad E_3^*=\frac{H^*E_fE_{c3}^*}{2t_fE_{c3}^*+h^*E_f}\\&G_{13}^*=\frac{2t_f^*G_f+h^*G_{c13}^*}{H^*}\quad G_{23}^*=\frac{2t_f^*G_f+h^*G_{c23}^*}{H^*}\quad \frac{1}{G_{12}^*}=\frac{2t_f}{H^*}\left(\frac{1}{G_f}-\frac{1}{G_{c12}^*}\right)+\frac{1}{G_{c12}^*}\\&\nu_{31}^*=\frac{2t_f\nu+\nu_{c31}^*h^*}{p^*}\quad \nu_{12}^*=\nu\quad \nu_{23}^*=\frac{\nu\nu_{c23}^*}{\nu h^*+2\nu_{c23}^*t_f}\end{aligned}\right\}\tag{7-43}$$

7.5 几何参数对等效公式的精度影响及公式修正

前文推导的二级层级结构等效弹性常数表达式，因涉及几何参数较多，且参数取值范围跨度有数量级的差别，在使用过程中，对设计者选取参数仍会产生一些困扰。本书选取了几组参数，在 ANSYS 中分别进行参数化建模并进行有限元分析，对模型施加单轴荷载，通过轴向变形得到等效弹性模量的数值解，将对应尺寸模型通过公式得到的理论解与之比较进行精度分析，并对受参数影响较大的公式进行修正。

7.5.1　几何参数对一级等效公式的精度影响

就一级等效而言,如图7-9所示,随着b/l和t_f/H的增大,等效公式的误差逐渐平稳,t_f/H的变化对3个主轴方向弹性模量的误差均在5%以内,b/l在所示范围内时3个主轴方向弹性模量的误差在9%以内。E_2随着t_1/l的变化有些波动,当t_1/l取值在0.06附近时其精度最高。这是由于夹芯等效常数E_{c2}与t_1/l相关,当t_1/l过小时,夹芯将由梁板构件逐步变成薄膜,其面内刚度退化带来了精度影响,但是在所示参数范围内精度仍控制在7%以内;E_1和E_3的误差都控制在4%以内。θ_1对精度影响有关于45°两边对称的趋势,即θ_1远离45°时误差有增大趋势。由于E_1与$\sin\theta_1$相关,θ_1越大,其带来的误差也越大,而E_2与$\cos\theta_1$相关,因此,θ_1变小也将带来精度损失。尽管如此,在20°~80°范围内,各主轴方向弹性常数误差均小于10%。

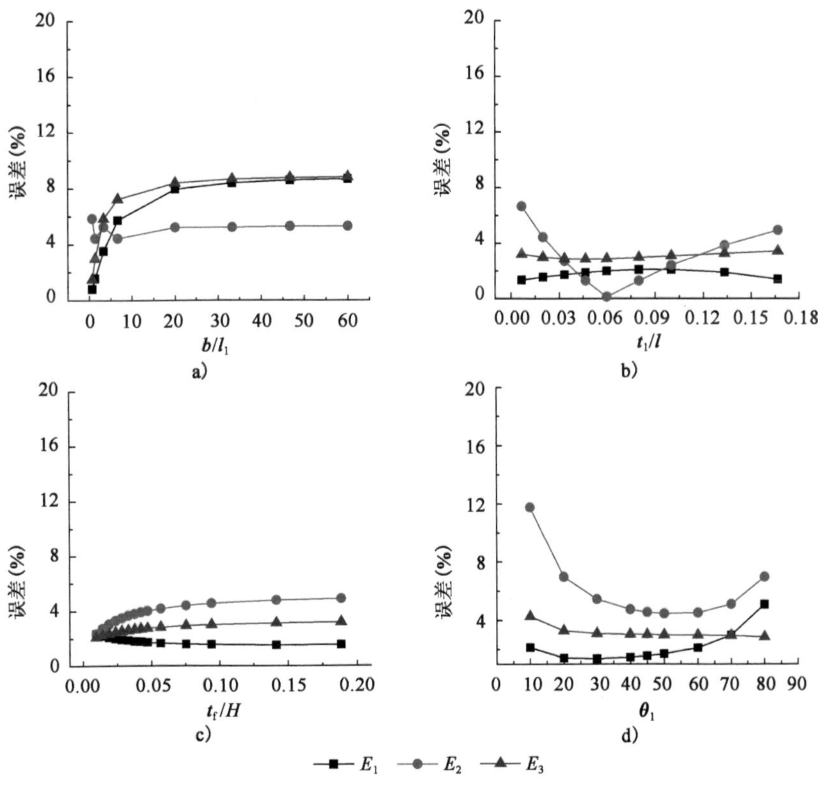

图7-9　不同几何参数下一级支撑结构等效弹性模量公式的误差分布

就一级等效剪切模量而言，对于上下面板通常认为面内剪切刚度无限大，故仅对与芯层相关的参数进行误差分布分析；而对于 G_{12}，由于芯层剪切模量与面板相比有数量级的差距，所以实际承受剪力的主要是上下面板，芯层基本不承受剪力，一些学者甚至将芯层忽略。因此，在图 7-10 中，仅对等效剪切模量 G_{23} 和 G_{31} 随参数变化的误差分布情况进行分析。从图 7-10 中可以看出，在所示参数变化范围内，3 个面内的等效剪切模量误差皆控制在 10% 以内。其中，在 θ_1 取值范围为 25° ~65°时，误差都在 8% 以内。从两组参数对 3 个等效剪切模量的误差分布来看，G_{23} 和 G_{31} 的精度比较稳定。

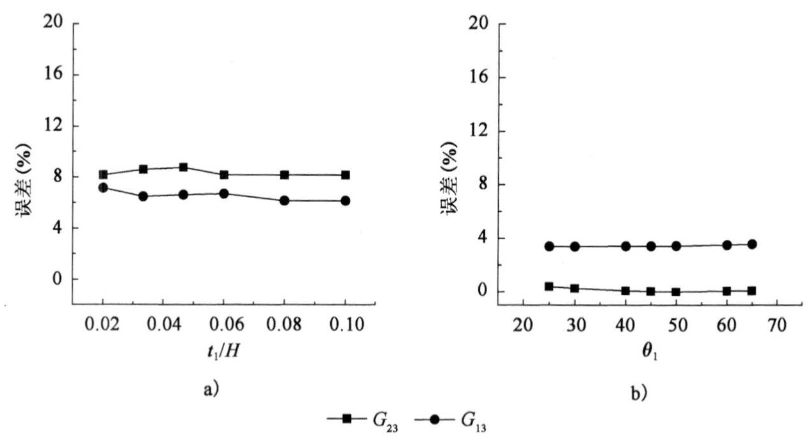

图 7-10　不同几何参数下一级支撑结构等效剪切模量公式的误差分布

7.5.2　几何参数对二级等效公式的精度影响

图 7-11 显示了二级等效公式随参数变化的误差分布情况：几组参数中 θ 对 3 轴弹性模量的精度均有影响，当 θ 大于 60°后误差都有所增加，在一级等效推导过程中对刚度 E_1 做了如下简化，即 $E_{1\mathrm{eq}} \approx E_f t_{f1} (t_{f1} + l_1 \sin\theta_1)^2/2$，随着 θ_1 增加再将 $E_c\ (l_1 \sin\theta_1)^3/12$ 忽略，将对一级等效带来精度影响，进而影响到二级等效。θ_1 对 E_3 的精度影响更加明显，这是因为在推导 E_3 时认为支撑结构只有拉伸变形，且拉伸截面只有支撑结构的外表面板，忽略夹芯贡献，导致在 θ_1 小于 30°或大于 60°时误差超过 20%，等效公式变得不可用。其他几组参数的变化带来的等效公式误差基本在 5% 以内，当t_1/l_1 和 t_f/H 小于 0.015 时，E_2 和 E_3 的精度有所下降。

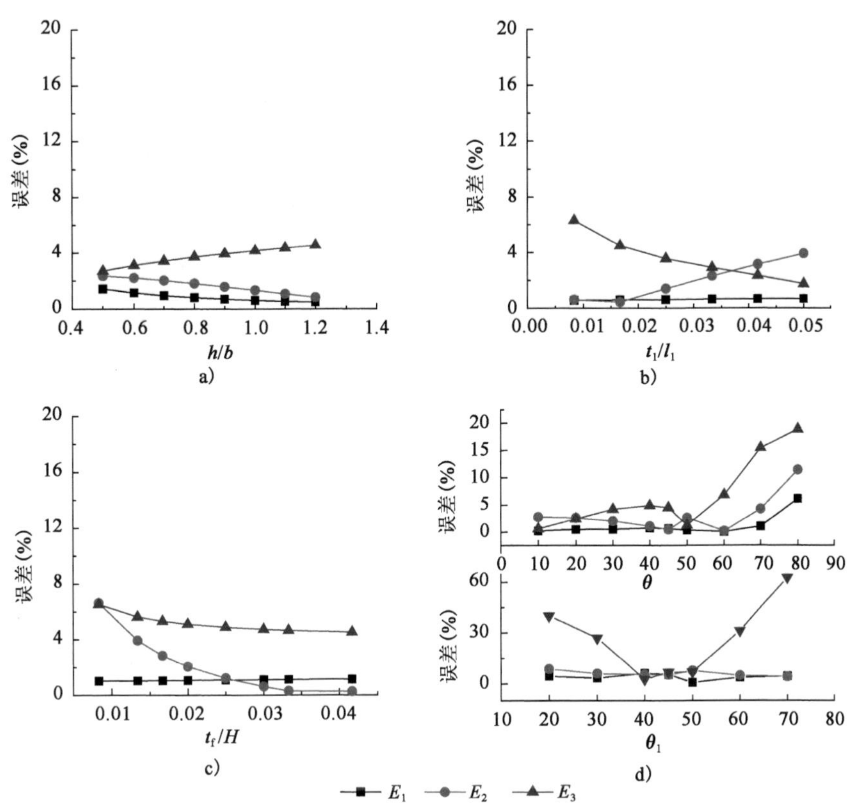

图 7-11　不同几何参数下二级褶皱结构夹层板等效弹性模量公式的误差分布

图 7-12 显示了二级等效公式随参数变化的误差分布情况：在几组参数中，除了 θ 外，公式精度均随着参数的增大而提高。其中，h/b 对公式精度影响最

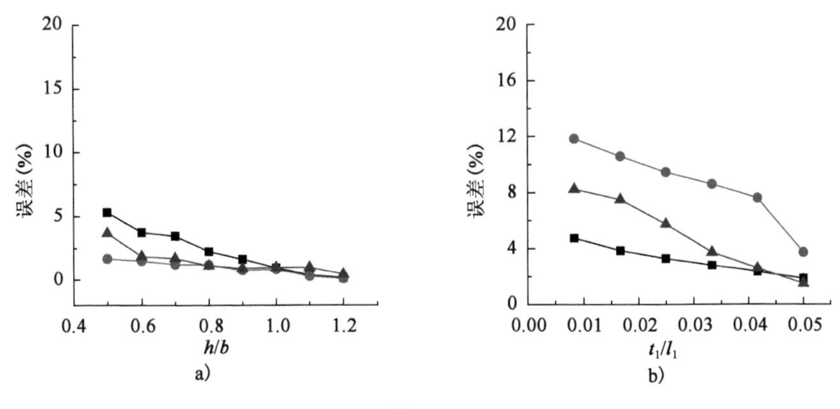

图　7-12

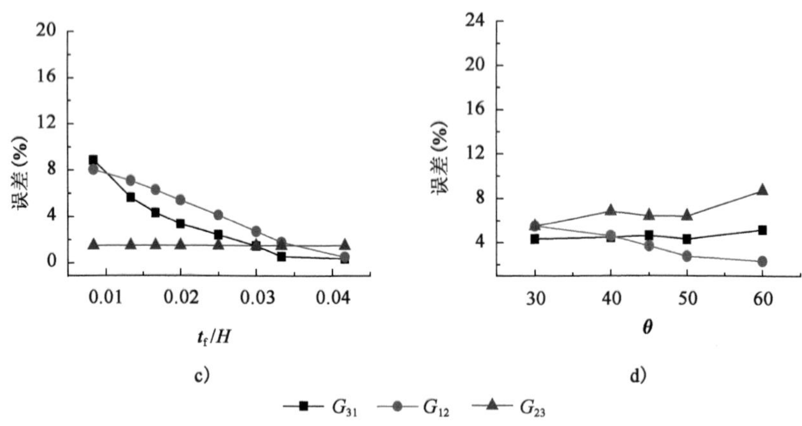

图 7-12　不同几何参数下二级褶皱结构夹层板等效剪切模量公式的误差分布

小,在所示取值范围内误差都在 5% 以内;其余两组参数取值范围内,误差基本在 10% 以内。当 θ 取值范围为 30° ~ 60°时,等效剪切模量的误差都在 10% 以内。其中,G_{12}随着角度增大而精度提高,当 G_{31}和 G_{12},当 θ 取值范围为 30° ~ 50°时,误差分布比较平稳,此后,随着 θ 取值增大,误差有增大的趋势。

7.5.3　二级等效弹性模量公式的修正

如图 7-13 所示,θ_1 的变化对等效弹性模量 E_{c3}^* 的精度影响较大,仅在40° ~ 50°小范围内精度较高,其原因在于等效过程中对一级层级褶皱结构截面拉伸刚度$(EA)_{eq}$和弯曲刚度$(EI)_{eq}$进行了简化。文献[7]中推导芯层 3 轴向弹性模量时,认为支撑结构只发生拉压变形,且拉压截面只有支撑结构的外表面板,忽略夹芯贡献。实际上,当 θ_1 较小时,t_1/t 不是很小,夹芯对拉伸贡献不能忽略,拉伸刚度表示为$(EA)_{eq}=E(t_1+2t)$;当 θ_1 较大时,夹芯的弯曲变形也不能忽略,弯曲刚度为$(EI)_{eq}=Et\,(h+t)^2$。因此,当 θ_1 较大或较小时,对式(7-43)做出修正,可得:

$$\left.\begin{aligned}&E_{c3}^*=E(t_1+2t)\sin^3\theta_1/l\cos\theta_1 &&(\theta_1<40^\circ)\\&\frac{1}{E_{c3}^*}=\frac{l\cos\theta+l_1\sin\theta_1/\sin\theta}{4Et\sin^3\theta}+\frac{l^2\cos^2\theta(l\cos\theta+l_1\sin\theta_1/\sin\theta)}{3Et\,(t+l_1\sin\theta_1)^2\sin\theta} &&(\theta_1>50^\circ)\end{aligned}\right\}\tag{7-44}$$

由图 7-13 可知,修正后的 E_3^* 精度大大提高,在 20° ~ 70°范围内误差皆控制在 10% 以内。

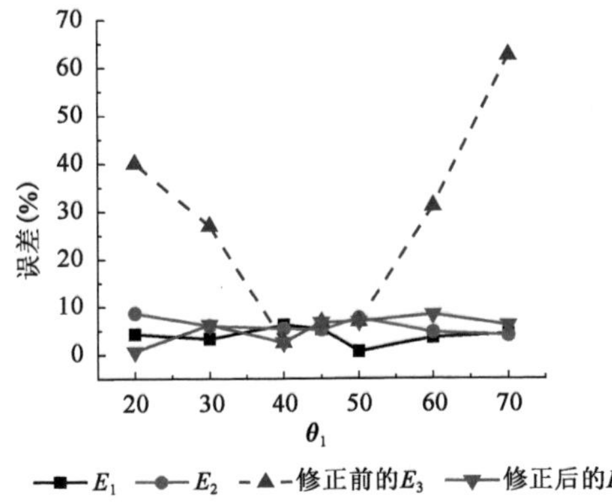

图 7-13　修正前后二级层级结构等效弹性模量 E_3 随参数 θ 的误差分布

7.6　数值验证

7.6.1　等效弹性模量与等效剪切模量数值验证

为验证等效弹性常数公式的正确性，采用不同几何参数在通用有限元软件 ANSYS 中建立有限元模型进行数值验证。算例 1、算例 2 为一级层级结构，算例 3 ~ 算例 5 为二级层级结构，算例所用材料为铝板材料，其材料属性为 E = 69.4GPa，ν = 0.3。模型几何参数、理论解与数值解之间的误差见表 7-3、表 7-4。

算例模型的几何参数列表　　表 7-3

算　例	t(m)	t_f(m)	t_1(m)	l_1(m)	l(m)	θ(°)	θ_1(°)
算例 1	0.01	—	0.02	0.15	—	45	
算例 2	0.01	—	0.003	0.15		60	
算例 3	0.0015	0.02	0.001	0.12	0.85	45	45
算例 4	0.0015	0.015	0.002	0.012	0.17	45	60
算例 5	0.0015	0.015	0.002	0.12	0.85	30	45

算例结果表明，无论是一级等效还是二级等效，其等效弹性模量与真实情况都非常接近，E_1 的误差随着角度变大有所增加，但是都在 4% 以内，E_2 和 E_3 的误差均在 1% 以内。一级等效的剪切模量误差均在 6% 以内，而二级等效后的误差都在 3% 以内。其中，一级和二级等效的 G_{31} 的误差均在 1% 以内。二

级等效的 G_{12} 和 G_{23} 的精度比一级等效有所提高，其原因为在一级等效时，芯层板很薄，在剪切时难免发生弯曲变形，而在二级等效时，芯层由大支撑构件组成，弯曲刚度相对较大，在剪切时由弯曲变形造成的影响也相应减小，所以精度得到提升。表 7-4 中各算例、各等效弹性常数较高的精度，也说明了本书推导的等效弹性常数公式的正确性。

算例误差结果 表 7-4

算例	误差					
	E_1	E_2	E_3	G_{31}	G_{12}	G_{23}
算例 1	-1.89	-0.39	-0.33	-0.99	-5.23	-5.8
算例 2	-2.11	-0.45	-0.3	-0.78	-5.11	-4.74
算例 3	-1.13	0.32	0.47	-0.3	-2.39	-1.5
算例 4	-3.6	-0.47	-0.84	-0.62	-2.31	-1.37
算例 5	-0.51	-0.2	-0.42	-0.98	-2.07	-1.42

7.6.2 基于等效弹性常数对二级层级褶皱夹层梁的三点弯曲挠度计算

通过理论分析可知，芯层的弹性模量和剪切模量影响着夹层梁的弯曲特性，如果能提高芯层等效弹性常数的准确性，也能提高理论计算结果的精度。在第 3 章的二级层级褶皱夹层梁三点弯曲挠度计算中，芯层采用的是文献[3]所给出的基于各向同性等效的弹性模量和剪切模量。将本书推导的各向异性弹性常数等效应用到二级层级褶皱夹层梁三点弯曲挠度计算中，并与基于文献弹性常数计算结果进行对比，误差分布情况如图 7-14 所示。

由图 7-14 可知，在 l_1/l 的取值范围内，基于等效弹性常数的误差分布更加平稳。当 l_1/l 取值较小时，基于等效弹性常数的计算结果与基于文献的结果精度比较接近；当 l_1/l 取值超过 0.1 后，基于等效弹性常数的挠度计算结果逐渐体现出精度优势。在另外 3 组参数取值范围内，基于本书等效弹性常数的挠度计算比基于文献弹性常数的挠度计算结果拥有更高的精度。其中，在 t/l 和 t_f/H 的取值范围内，误差都控制在 10% 以内；在 l_1/l 和 t_1/l_1 的取值范围内，误差都控制在 5% 以内。本书等效弹性常数与文献所给弹性常数相比，能够带来 3% 作用的精度提高。所以几何参数对应的误差分布变化趋势的一致性，也证明了本书等效弹性常数推导的正确性。

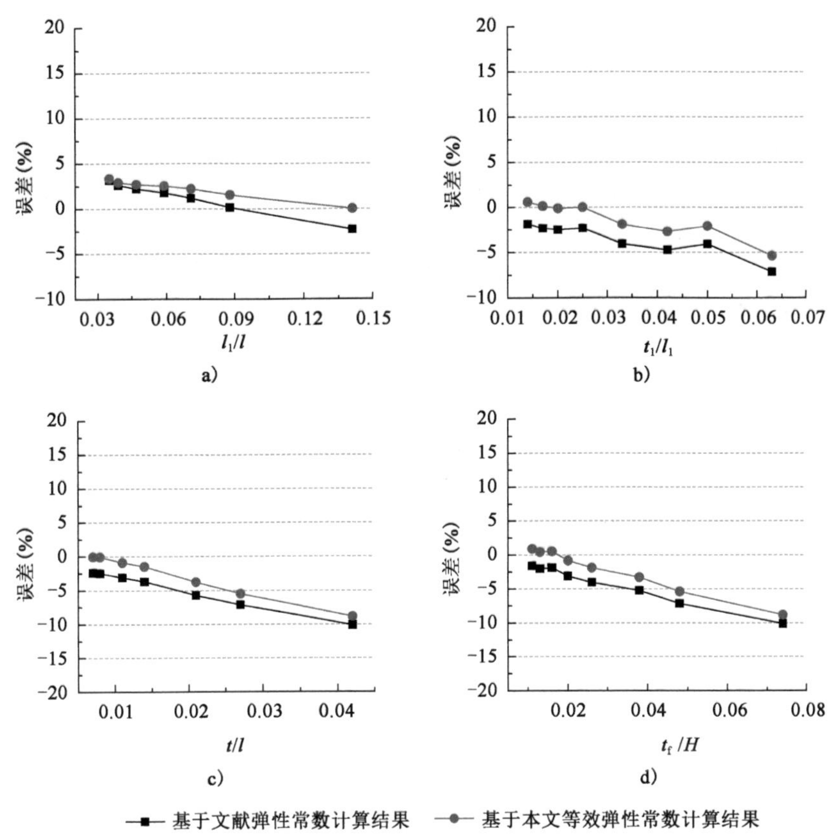

图 7-14　基于等效弹性参数和基于文献弹性参数的挠度误差分布对比

7.7　本章小结

本章对二级层级褶皱结构的等效弹性常数展开了研究，经过两级等效将二级层级褶皱夹层结构等效为正交各向异性板，得到了一级褶皱夹层结构和二级褶皱夹层结构的等效弹性常数。

首先，一级等效分为芯层均匀化正交各向异性等效和一级褶皱夹层结构"三明治"正交各向异性等效。其中，芯层均匀化等效采用文献已有成果，在此基础上，将面板与芯层作为整体进行计算，通过变形协调条件得到了一级褶皱夹层结构的正交各向异性等效常数。由于一级等效得到的正交各向异性材料弹性主轴与二级层级褶皱结构坐标不一致，采用坐标轴转换方法对其进行弹性常数转换,得到了在二级层级褶皱结构坐标系下的一级等效材料本构关系。

其次,将二级层级结构视为由等效的正交各向异性均质板组成的三角形桁架夹芯夹层板,通过二级等效将二级层级褶皱夹层结构等效为正交各向异性均质材料,给出了一级层级褶皱夹层结构和二级层级褶皱夹层结构的正交各向异性相关等效弹性常数。通过有限元分析,将理论解与数值解进行对比,讨论分析了几何参数对等效弹性常数公式的精度影响情况,并对误差较大的弹性常数等效公式进行了修正。在所考察的参数取值范围内,一级等效理论结果和二级等效理论结果的误差均在10%以内。

最后,将等效弹性常数用于二级层级褶皱夹层梁三点弯曲挠度计算,通过与数值试验结果比较发现:基于本书推导的等效弹性常数比基于文献所给出的弹性常数的挠度理论计算具有更高的精度,在所考察的参数范围内精度普遍有3%~5%的提升,并且精度在所给的几何参数取值范围内具有良好的稳定性,这表明本书提出的等效公式具有较大的适用范围,为复杂层级结构分析设计提供了依据。

第 8 章　二级层级褶皱结构优化设计

8.1　引言

结构优化的思想由来已久,人们在设计结构时力求做到合理的布局和受力,在保证安全的同时追求经济效益,达到一种资源合理的优化配置。自 20 世纪中叶电子计算机被用于结构分析,现代意义上的结构优化设计理论逐渐被人们所接受,并作为传统结构设计的辅助手段。夹层结构性能优越,并与芯层密切相关。芯层参数相对较多,为了得到更卓越的性能,有关学者采用各种方法对夹层板进行了优化设计。其中,对于泡沫芯层类夹层结构,大多都聚焦于芯层的相对密度。例如,周加喜等[88]以不出现各种失效模式为约束条件,采用序列二次规划法对受压夹层板的尺寸和金属泡沫的相对密度进行了轻量化优化设计。而对于桁架类夹层结构,在考虑失效模式的同时,大多学者将荷载工况也考虑进来。例如,Tian 等[90]对压缩荷载作用下的波纹板进行了同步失效优化设计和基于连续二次规划方法的优化设计,考察了 8 种不同的结构形式。从重量的角度来看,在给定边界条件下帽形加强板效率最高,比方形夹芯夹层板同样负载情况下轻约 40% 。例如,Wicks 等[93]对弯曲和横向剪切荷载作用下的桁架夹芯夹层板进行了最小质量的优化设计。还有学者基于均匀化思想给出了桁架夹芯的本构模型,在此基础上进行各种特定失效模式约束下的结构轻量化优化设计[87]。例如,Wadley 等[94]认为拓扑优化能够控制桁架长度尺度上的失效机理,从而能带来更加优越的结构性能,使得芯层在承受荷载的同时有比随机泡沫更低的密度,而且在低密度时,由于其优越的抗屈曲性能,编织夹芯的强度峰值要高于蜂窝夹芯。Evans 等[95]则给出了周期性多功能金属泡沫夹芯的拓扑设计。另外,有学者通过对不同样件的多孔泡沫夹层结构进行三点弯曲测试,发现从有限荷载角度设计比从有限刚度设计更能实现金属泡沫夹层梁的轻量化。上述研究表明，对夹层结构进行优化设计可以为获得理想的设计方案提供帮助。

通过前面相关章节的分析，得到了二级层级褶皱结构丰富的失效模式，但是丰富的失效模式易给设计者带来困扰。尽管从失效机理图上可以直观观测到失效模式间的占优关系，但是失效机理图毕竟是基于一些给定参数基础上得到的，因此不能代表设计空间内的整体情况。此外，二级层级褶皱结构涉及的几何参数众多，参数间在尺度上甚至有数量级的差别。而参数微幅的变动极有可能带来失效模式占优关系的改变，甚至使得结构性能发生巨大的改变。因而，如何快速、准确掌握二级层级褶皱性能，成为设计者不得不面对的难题。针对上述情况，本章结合失效模式从力学性能最优和轻量化两方面对二级层级褶皱结构展开优化设计研究。

8.2 二级层级褶皱结构轻量化优化设计

通常情况下，结构发生整体失效或者脆性失效会带来巨大的损失。设计者在进行结构设计时，都会极力避免这种失效模式的发生，或使局部失效或延性失效先发生，以此来减小失效带来的损失。如土木结构设计中的“强柱弱梁”设计思想、电路中的保险丝设计、汽车的保险杠设计等。20 世纪 90 年代，程耿东、李刚等提出的基于性能的“分灾”设计思想就是很好的诠释。所谓“分灾”设计，就是将结构构件分为主体构件和分灾构件两类。在正常状态下，结构所有构件正常工作；而在灾害荷载作用下，设法通过分灾构件的失效来消耗外部的能量输入，从而保证主体结构的安全。分灾构件一般相对性能较弱，可以设计为可替换构件，且失效后不会给整体结构带来破坏，因此其失效的后果和影响相对较小。

由此可见，在诸多失效模式中选择合适的失效模式并使其优先发生，是结构性能优化设计的一种思路，这需要对可能的失效模式进行评估、分级，通过设计手段，确保期望的失效模式最先发生。因此，本章基于二级层级褶皱结构丰富的失效模式特点，根据分灾设计的思想，对其轻量化设计构建了两类优化问题，即基于特定失效模式的结构轻量化设计和基于特定失效模式序列的结构轻量化设计。

8.2.1 基于特定失效模式的结构轻量化设计

由于二级层级褶皱结构失效模式丰富，根据结构性能需求，不允许那些会带来严重后果的失效模式出现，而允许那些失效后影响轻微的失效模式发生。本章构造了如下结构轻量化模型：在特定失效模式约束下，二级层级褶皱结构的相对密度最低，表示为：

$$\left.\begin{array}{l}\text{Find}: t, l, t_1, l_1, \theta, \theta_1 \\ \text{Min}\ \rho_{\text{rel}} \\ \text{S.t.}\ \ F \in F^* \\ t/l \in (0, 0.2) \quad t_1/l_1 \in (0, 0.2) \quad l_1/l \in (0, 0.2)\end{array}\right\} \tag{8-1}$$

式中：ρ_{rel}——二级层级褶皱结构的相对密度，相对密度的大小可以体现结构的质量大小；

F——结构希望最先发生的失效模式；

F^*——根据评估结果而选定的特定失效模式；

t/l、t_1/l_1——参数 t/l 和 t_1/l_1 的取值是保证基本构件在弹性薄板范围，以保证结构处于所选用的计算理论适用范围；

l_1/l——l_1/l 的取值是使褶皱夹芯构件不至于太粗短，否则夹层板不易发生屈曲失效。

8.2.2　基于特定失效模式序列的结构轻量化设计

实际工程中局部失效带来的损失通常相对较低，而整体失效常会带来严重后果，在设计中要尽可能地避免。因此，需要对可能的失效模式进行评估、分级，通过设计手段，保证损失最小的失效模式优先发生。针对这类问题，本章基于二级层级褶皱结构丰富的失效模式，根据一定原则（如破坏从局部到整体、损失由小到大、影响从小到严重等）对结构多种失效模式进行排序，在满足一定强度条件下，以结构按照失效模式序列依次出现为约束条件，使得二级层级褶皱结构的相对密度最小。该优化列式可以写成：

$$\left.\begin{array}{l}\text{Find}: t, l, t_1, l_1, \theta, \theta_1 \\ \text{Min}\ \rho_{\text{rel}} \\ \text{S.t.}\ \sigma_{\text{nom}} \geqslant [\sigma_{\text{nom}}] \\ S = [1^{\text{st}}, 2^{\text{nd}}, 3^{\text{rd}}, \cdots] \\ t/l \in (0, 0.2) \quad t_1/l_1 \in (0, 0.2) \quad l_1/l \in (0, 0.2)\end{array}\right\} \tag{8-2}$$

式中：S——特定的失效模式序列，该失效模式序列是依据对失效后的损失或后果的严重程度评估结果而对失效模式进行的排序。

在二级层级褶皱结构中，小支撑构件的失效带来的损失和影响最小，因此将小支撑的失效定义为第一级失效（1st），它包括小支撑的塑性屈服失效和弹性屈曲失效两种失效模式。大支撑(一级层级褶皱夹层构件)表面板局部失稳会带来承载能力的降低,较之小支撑构件发生失效带来的影响要大,但是还属于局部失效,较之整体失效带来的后果要轻;因此将其定义为第二级失效(2nd)。大支撑构件整体失效的后果较前两级失效后果都要严重,一共包括大支撑整体塑性屈服、大支撑剪切屈曲和整体弹性屈曲 3 种失效模式。因此,可以将整体失效模式定义为第三级(3rd)。

本书根据失效带来的影响严重程度将二级层级褶皱结构失效模式划分为 3 个等级,失效模式序列 S (1st、2nd、3rd) 表示各相关失效模式按照顺序依次出现。若要进一步细分,可以根据失效准则对每一级中失效模式再进行排序。另外,无量纲参数 t/l、t_1/l_1 和 l_1/l 的取值范围是为了保证结构计算在所选理论模型的适用性范围以内,名义应力约束是为了保证结构具有一定的强度。为了实现在优化中失效模式按给定的失效序列出现,可以选取合适的统一的衡量指标,如第 2 章中所给的名义应力和第 3 章中所给的夹层梁极限承载能力等,使其在每一次的迭代分析中满足大小关系,将其作为约束条件在优化中体现。

8.2.3 优化算例

表 8-1 是针对上述两个优化问题的二级层级褶皱结构算例结果,算例中 $b=152$mm,θ 和 θ_1 直接使用文献[6]的优化结果,$\theta=\theta_1=45°$,材料极限应变为 $\varepsilon_y=0.002$。算例 1 对应于 8.2.1 节中的优化问题,特定失效模式约束为大支撑表面板的弹性褶皱失效。算例 2 对应于 8.2.2 节中的优化问题,大支撑表面板的弹性褶皱失效是局部失效,就整体失效而言,影响要小得多。因此,将其定义为最先发生的失效模式(1st),整体失效模式视为二级失效模式(2nd)。小支撑板在结构中受力相对较小,即使发生失效,其后果也可以忽略不计。所以,小支撑的失效模式在算例 2 中不予考虑。

算例 1、算例 2 都是针对二级层级褶皱结构单胞进行的优化设计,第 3 章给出了各种失效模式对应的名义正应力表达。因此,以名义正应力作为约束条件的判定依据写入迭代分析程序。算例 1 中给定的失效模式为大支撑面板弹性褶皱,在程序实现过程中,只要给定失效模式对应的名义正应力最小即可。算例 2 是基于失效模式序列的结构轻量化优化设计,因此,在每次的迭代过程中,需要对各失效模式对应的名义应力进行判断,若不满足判断条件则认为此分析无效。优化过程是基于 ISIGHT 软件平台集成 MATLAB 程序完成的,由于各设计变量为连续变量,所以优化算法选用连续二次规划方法(NLPQL)。算例中设计变量取值范围及优化结果见表 8-1。

设计变量取值范围及优化结果　　表 8-1

项　目	t(mm)	t_1(mm)	l(mm)	l_1(mm)	目标函数值
下限	0.5	0.5	300	10	
上限	10	10	1500	50	
算例 1 优化结果	0.5	0.5	1500	25.6	$\rho_{rel}=0.0023$
算例 2 优化结果	2.4	0.94	1199.89	24.98	$\rho_{rel}=0.0102$

目标函数迭代历程如图 8-1 所示,由图 8-1 可知,两个算例的优化目标函数值均得到了大幅改善。通过优化结果发现,t 和 t_1 的取值要相对较小,达到取值下限。同时,l 的取值要相对较大,而且 l_1 的取值要足够大。这是由于约束条件中面板弹性褶皱要最先出现,因此 $t/2l_1\cos\theta_1$ 要尽可能小,即局部失效构件的长细比不能太大;同时,l_1 不能过小,要保障大支撑结构有足够的抗弯刚度,避免大支撑发生整体屈曲。t_1 只要满足小支撑构件不先失效即可,尽可能取小值,为了使结构相对密度更小,l 的取值相对较大。算例 1 仅需考虑面板弹性褶皱失效模式的出现,所以 t 和 t_1 取到了设计空间的下限,l 则取到了上限值。对于算例 2 而言,在出现第一级失效(大支撑面板弹性褶皱)后,还有第二级失效模式的约束。因此,各几何参数的取值更加复杂。另外,基于失效模式序列的优化问题可以看作基于失效模式优化问题基础上的扩展。由于约束条件的增多,逐渐变成一个紧约束优化问题,若想要获得约束条件的解也会越来越难,因此,在对失效模式进行序列排序时要特别小心。

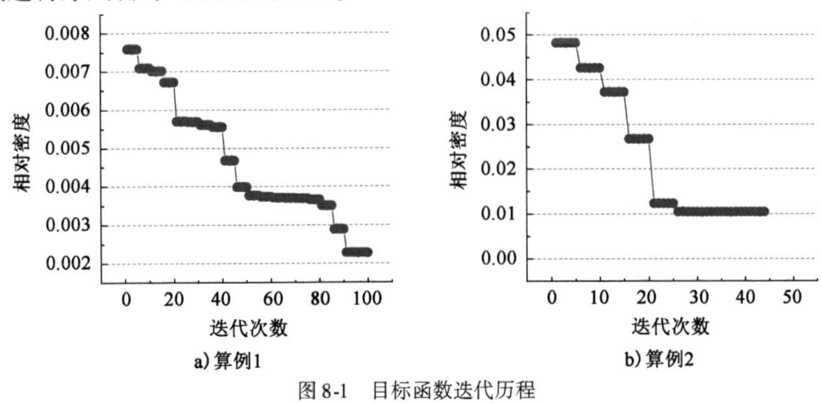

图 8-1　目标函数迭代历程

8.3　二级层级褶皱结构力学性能优化设计

工程结构的力学性能是衡量设计方案优秀与否的重要标准,如强度、刚度、应变能等。提高设计方案的力学性能指标或者使多个性能指标达到完美的匹配是设计者努力追求的目标。对于二级层级褶皱结构这种复杂的结构构型,其失效模式众多,参数间尺度差距大,要想获得理想的设计方案比较困难。尽管第2章给出了其失效机理图,根据失效机理图可以直观发现失效模式的占优关系,但是失效机理图是基于一些已知几何参数上构造的,而我们不可能构造整个设计空间内的失效机理图。因此,借助高性能的计算机,通过优化设计的方法,来获得整个设计空间内的理想设计方案就具有重要的现实意义。本章基于二级层级褶皱结构失效模式,对其力学性能优化问题构造如下优化模型:通过基于失效模式的二级层级褶皱结构最大应变能优化设计、基于给定材料的强度优化设计、基于等效弹性常数的强度优化设计和基于等效弹性常数的夹层梁最小挠度进行的优化设计,来构造优化模型。

8.3.1 基于失效模式的二级层级褶皱结构最大应变能优化设计

在结构体系受到荷载作用下,外力以能量的形式不断地传递到结构体系中。当结构体系发生失效时,结构所存储的能量将会被释放,这在很多领域中通过构件失效来消耗能量被认为是非常有意义的事情,如汽车的保险杠等。二级层级褶皱结构具有丰富的失效模式,如通过控制失效模式可以实现能量消耗的目的,那么它将拥有广阔的应用前景。由此可见,基于能量角度对二级层级褶皱结构进行优化设计具有重要的意义。

由于前文推导的二级层级褶皱结构失效是基于弹塑性屈服和弹性屈曲假定进行的,在此,本书仅考虑二级层级褶皱结构的应变能。根据二级层级褶皱结构夹芯结构的特点可知,芯层为非连续介质类桁架结构,在外部荷载作用下芯层构件会发生压缩和弯曲的组合变形,其应变能包括拉压应变能和大支撑构件的弯曲应变能。

1)拉压应变能

如图2-4所示,在外部荷载作用下,芯层构件受到轴向力N,其产生的应变能可以表示为:

$$U_{\mathrm{N}} = \int_{l} \frac{N^2}{2EA}\mathrm{d}l \tag{8-3}$$

其中,N可由式(2-2)和式(2-4)得到,分别对应于剪切荷载F_x和压缩荷载F_z单独作用时,当单胞构件为二级层级褶皱结构时,夹芯构件为一级层级结构,其轴向力主要由面板承担,此时支撑结构抗拉刚度$EA = 2Ebt$。

2)弯曲应变能

对于夹芯杆件,因切向力和弯矩作用,发生弯曲变形。由于夹芯结构与面板固结，因此单支撑构件实际上为超静定梁（图8-2），可以用微分方程来描述在此受力状态下的变形：

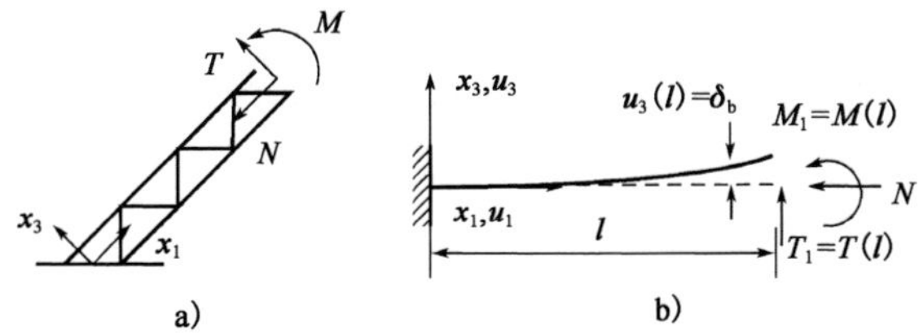

图8-2　夹芯构件对应的梁弯曲模型

如图8-2所示，二级层级褶皱结构在外部荷载作用下，其夹芯大支撑构件（一级褶皱夹层结构）在轴力、切向力和弯矩共同作用下会发生弯曲变形。无论是一级支撑构件表面板，还是一级褶皱夹芯板，其面板厚度与长度相比很小，因此忽略其厚度方向的剪切变形，大支撑构件的挠度和荷载之间关系可用微分方程描述：

$$\frac{\mathrm{d}^2u_3(x_1)}{\mathrm{d}x_1^2} = -(T_1x_1 + Nu_3 + M_1)\frac{1}{D} \tag{8-4}$$

式(8-4)的通解为：

$$u_3(x_1) = C_1\sin kx_1 + C_2\cos kx_1 - \frac{(T_1x_1 + M_1)}{N} \tag{8-5}$$

其中，$k = \sqrt{N/D}$。

由下列边界条件可以确定待定参数 C_1、C_2、T_1 和 M_1：

$$\left.\begin{aligned} u_3(0) = 0 \quad \frac{\mathrm{d}u_3(0)}{\mathrm{d}x_1} = 0 \\ u_3(l) = \delta_b \quad \frac{\mathrm{d}u_3(l)}{\mathrm{d}x_1} = 0 \end{aligned}\right\} \tag{8-6}$$

总体结构的位移—荷载响应由式(2-11)或式(2-13)可以得出，此时

$$\delta_b = u_3(l) \quad \delta_b = \frac{Nl}{EA} \tag{8-7}$$

通过求解可以得到各待定系数参数：

$$\left.\begin{aligned} C_1 = -\frac{\delta_b}{kl} \quad C_2 = \frac{\delta_b}{kl}\frac{1-\cos kl}{\sin kl} \\ T_1 = -\frac{\delta_b N}{l} \quad M_1 = \frac{\delta_b N}{kl}\frac{1-\cos kl}{\sin kl} \end{aligned}\right\} \tag{8-8}$$

由此可得沿 x_1 轴的弯矩为：

$$M(x_1) = D\frac{\mathrm{d}^2 u_3}{\mathrm{d}x_1^2} \tag{8-9}$$

通过积分可以得到大支撑构件面板的弯曲应变能：

$$\begin{aligned} U_{\mathrm{M}} &= \int_0^1 \frac{M^2(x_1)}{2D}\mathrm{d}x_1 \\ &= \frac{k^4 D}{2}\left[C_1^2\left(\frac{l}{2} - \frac{\sin kl}{4k}\right) + C_2^2\left(\frac{l}{2} + \frac{\sin kl}{4k}\right) - C_1 C_2 \frac{1 + \cos 2kl}{2k}\right] \end{aligned} \tag{8-10}$$

对于二级层级褶皱夹芯单胞，其一级层级褶皱支撑柱的弯曲应变能还包括小支撑构件的拉压变形能和弯曲应变能，可以表示为：

$$\begin{aligned} U &= \frac{1}{2EI}\int_0^L M^2(x)\mathrm{d}x + 2\sum_{i=1}^{n}(U_{\mathrm{Mi}} + U_{\mathrm{Ni}}) \\ &= \frac{1}{2EI}\int_0^L M^2(x)\mathrm{d}x + 2\sum_{\mathrm{i}=1}^{\mathrm{n}}\left(\int_0^l \frac{M_{\mathrm{i}}\ (x_1)^2}{2D_1}\mathrm{d}x_1 + \frac{N_{\mathrm{i}}{}^2 l}{2EA}\right) \end{aligned} \tag{8-11}$$

式中：D_1、EA——分别为对应于一级层级支撑柱夹芯构件的抗弯刚度和抗拉刚度。

该夹芯构件只承受一级层级支撑柱切向荷载，与一级层级支撑柱受力相比很小，而且 U_{M} 计算相对较为复杂，占总应变能不到5%，因此可以将其忽略。

3）二级层级褶皱结构单胞的应变能算例验证

在大型通用有限元分析软件 ANSYS 中构建 5 个有限元模型，用 Shell 单元来进行模拟。其中，试件 1 的几何尺寸：大支撑面板厚度 t_{f}1.02mm，大支撑夹芯构件板厚度 t_1 和长度 l_1 分别为 0.51mm 和 12.7mm，大支撑长度 l 为125.7mm，$\theta = \theta_1 = 45°$，垂直纸面厚度 b 为 15mm。试件 2、试件 3 是在试件 1 的基础上将大支撑长度 l 分别变为 179.6mm 和 233.5mm，试件 4、试件 5 是在试件 1 的基础上将大支撑面板厚度 t 分别变为 2mm 和 3mm。分别施加压缩荷载和剪切荷载进行分析，荷载值 $F = 6.6$kN。以有限元结果为基准，将理论计算所得应变能与之进行比较，两者之间的误差见表 8-2。

二级层级褶皱结构单胞试件应变能计算结果 表 8-2

工　况	对比项目及误差	试件 1	试件 2	试件 3	试件 4	试件 5
压缩工况	理论应变能	1.432	2.045	2.659	0.73	0.487
	数值应变能	1.334	1.957	2.574	0.687	0.461
	误差(%)	7.31	4.52	3.32	6.26	5.61

续上表

工　况	对比项目及误差	试件1	试件2	试件3	试件4	试件5
剪切工况	理论应变能	1.432	2.045	2.659	0.73	0.487
	数值应变能	1.406	2.012	2.617	0.720	0.481
	误差(%)	1.8	1.66	1.59	1.4	1.26

由表8-2中有限元结果可以看出,在相同荷载作用下,在剪切工况下的应变能比在压缩工况下的应变能稍大。总体而言,应变能计算具有较高的精度,在压缩工况下,各算例的误差在7.5%以内。在剪切工况下,剪切荷载作用下的理论计算精度更高,各算例的误差在2%以内。另外,理论计算都比数值分析结果稍微偏高,原因在于理论计算时认为大支撑轴力全部由表面板承担,实际上夹芯面板与外表面板之间固结,对承受轴力也有贡献,这导致了理论计算的变形有所偏大。试件4和试件5比试件1在精度上有所提高也说明了这一点。试件4和试件5是加厚了外表面板厚度,减弱了夹芯板对轴力的贡献比例。试件2和试件3加长了大支撑长度,此时夹层板厚度不变,因此结构变柔,在轴压作用下产生轻微弯曲,与忽略夹芯板贡献有所抵消,精度有所提高。这一现象在剪切荷载作用下同样存在。根据结构应变能主要由大支撑面板提供可得,应变能与大支撑表面板的厚度长度比 t/l 密切相关,从算例中也可知应变能随 t/l 增加而减小。

4)基于失效模式的二级层级褶皱应变能优化设计

在极限荷载作用工况下,结构通过变形或者特定失效模式的发生来耗散更多的能量,是衡量结构抗灾性能的主要指标之一。二级层级褶皱结构具有丰富的失效模式,前文给出了二级层级褶皱结构单胞在外部荷载作用下的结构应变能表达式,如果能通过控制失效模式达到消耗能量的目的,它将拥有广阔的应用前景。在线弹性阶段,结构的应变能与外荷载做功相等,因此,应变能也能反映结构的承载能力。结合本书第2章所给失效模式和本节应变能计算公式,可以构造基于特定失效模式的应变能最大化优化模型,其优化列式可以写成:

$$\left.\begin{array}{l}\text{Find: } t, l, t_1, l_1, \theta, \theta_1 \\ \max\ U \\ \text{S. t. } \rho_{rel} = \text{constant values} \\ F \in F^* \\ t/l \in (0, 0.2) \quad t_1/l_1 \in (0, 0.2) \quad l_1/l \in (0, 0.2)\end{array}\right\} \tag{8-12}$$

式(8-12)中第1个约束条件通过相对密度体现了对材料用量的要求,在给定材料的情况下结构应变能最大,也体现出材料的利用率;第2个约束条件则是对失效模式的约束。第2章给出了多种失效模式,不同的失效模式的名义应力表达各不相同,而且不同的失效模式带来的损失或影响也不相同,因此,有必要选取一个合适的失效模式,使其最先发生。几何参数约束是为了在理论计算时,使结构处于所选计算模型的适用范围之内。

此外,还可以对该优化模型进行扩展,如将目标函数变为应变能与材料体积的比值,该性能指标为单位体积材料的平均应变能,可以体现材料的有效利用率和对应变能的贡献效率。这样,可以将其表示为

$$\left.\begin{aligned}&\text{Find: } t, l, t_1, l_1, \theta, \theta_1\\&\max\ U/V\\&\text{S. t. }\ \mathrm{h}, \mathrm{b}=\text{constant values}\\&F\in F^*\\&t/l\in(0,0.2)\quad t_1/l_1\in(0,0.2)\quad l_1/l\in(0,0.2)\end{aligned}\right\}\tag{8-13}$$

与式(8-12)相比,由于材料用量已经以体积的方式在目标函数中得到体现,因此在约束条件中不再出现。另外,式(8-13)中第一个约束条件对结构总体尺寸进行了限制。

8.3.2 基于给定材料的二级层级褶皱强度优化设计

就夹层结构而言,芯层材料的弹性常数较之面板通常有数量级的差距,所以芯层材料的性能也决定了夹层结构的承载能力。如果在给定材料相对密度的前提下,尽可能提高芯层的强度,则夹层结构的性能会得到极大改善。本书针对二级层级褶皱结构构建了一个优化模型,即在给定材料(相对密度)条件下的结构强度性能最大化。强度性能指标视需求而定,以压缩强度为例,选用名义应力来作为强度表征指标,可以将优化列式表示为:

$$\left.\begin{aligned}&\text{Find: } t, l, t_1, l_1, \theta, \theta_1\\&\max\ \sigma_{\mathrm{nom}}\\&\text{S. t. } \rho_{\mathrm{rel}}=\text{constant values}\\&F\in F^*\\&t/l\in(0,0.2)\quad t_1/l_1\in(0,0.2)\quad l_1/l\in(0,0.2)\end{aligned}\right\}\tag{8-14}$$

式中:ρ_{rel}——无量纲相对密度,$\rho_{\mathrm{rel}}=4\left(\frac{t}{l}\right)\frac{1}{\sin2\theta}+4\left(\frac{t_1}{l}\right)\frac{\sin\theta_1}{\sin2\theta_1\sin2\theta}$;

σ_{nom}——名义压缩应力，$\sigma_{nom}=P_{cr}/A$；

P_{cr}——压缩极限荷载；

A——压缩截面面积。

无量纲参数 t/l、t_1/l_1 和 l_1/l 可在给定的设计空间内取值。在这个优化问题中，不但考虑了二级层级褶皱结构的压缩强度最大化，而且将芯层相对密度作为约束考虑。这样可以从一定程度上认为是比强度的最大化问题，体现了材料的利用率和材料对强度的贡献率。同时，还可以将想要的失效模式作为约束在该优化问题中得到体现，对失效模式的选取本身也是一个决策优化过程。

8.3.3　基于等效弹性常数的二级层级褶皱夹层结构强度优化设计

第 7 章已经对二级层级褶皱结构进行了正交各向异性弹性常数等效，给出了具有较高精度和较大适用范围的等效公式，为设计者快速地掌握这种复杂芯层结构的力学性能提供了依据。此外，结构的强度优化问题也可以通过等效弹性常数来体现，如压缩强度性能优化可以通过该轴向弹性模量的最大化来体现。结合失效模式控制，可以构造出特定失效模式下基于等效弹性常数的二级层级褶皱夹层结构性能优化问题，优化列式可以写成：

$$\left.\begin{aligned}&\text{Find: } t,l,t_1,l_1,\theta,\theta_1\\&\max\ E_c\\&\text{S.t.}\ \ F\in F^*\\&\cdots\\&t/l\in(0,0.2)\quad t_1/l_1\in(0,0.2)\quad l_1/l\in(0,0.2)\end{aligned}\right\}\tag{8-15}$$

式中：E_c——弹性常数，针对不同的性能需求，其代表不同的弹性常数（Elastic constant）。

例如，3 轴向的压缩性能对应于 3 轴向的弹性模量 E_3^*，12 平面内的剪切性能对应于 G_{12}^*，约束条件为特定失效模式。

在这个优化问题中，可以根据需求对其进行扩展（如考虑经济性能），也可以在约束条件中对结构的相对密度进行限定；在一个指标最大化的同时，还可以在约束条件中给定其他性能指标下限。

8.3.4　基于等效弹性常数的二级层级褶皱夹层梁最小挠度优化设计

就梁结构而言，结构的刚度性能也是结构设计中必须考虑的问题，弯曲挠度能很好地表征弯曲刚度性能。通过第 3 章对二级层级褶皱夹层梁进行的三点弯曲挠度计算发现,夹层梁的挠度与芯层构件的几何参数息息相关。第 4 章7.6.2节中的算例表明,基于等效弹性常数进行夹层梁的最小挠度优化设计,其计算简便、精度满足要求。因此,可以基于等效弹性常数构造了二级层级褶皱夹层梁的挠度最小化优化问题,其优化列式可以写成:

$$\left.\begin{aligned}&\text{Find: } t, l, t_1, l_1, \theta, \theta_1\\&\min f\\&\text{S. t. }\ F\in F^*\\&\cdots\\&t/l\in(0,0.2)\quad t_1/l_1\in(0,0.2)\quad l_1/l\in(0,0.2)\end{aligned}\right\}\tag{8-16}$$

该优化模型可以包含所需的约束条件,根据不同的约束条件进行扩展,如特定的失效模式、最小的承载能力以及理想的失效模式序列等。

8.3.5 优化算例

前面针对不同性能需求和约束条件给出了 4 个优化模型,针对不同的优化问题给出了不同的算例。其中,算例 1 ~ 算例 3 是二级层级褶皱结构单胞构件的优化算例,分别对应于应变能最大[式(8-12)]、名义应力最大化[式(8-14)]、3 轴向等效弹性模量最大[式(8-15)]。算例 4 则是针对二级层级褶皱夹层梁挠度最小化问题的算例,梁长 $L=1000\text{mm}$,所有算例中 $b=152\text{mm}$。其设计变量取值范围及优化结果见表 8-3。

设计变量取值范围及优化结果　　表 8-3

项目		t(mm)	t_1(mm)	N	l_1(mm)	θ(°)	θ_1(°)	目标函数值
下限		0.5	0.5	5	10	30	30	
上限		3	3	10	20	60	60	
算例 1	初始值	1	1	7	15	45	45	$U=9.52\times10^{15}$
	优化值	1.25	0.5	7	10.8	45	45	$U=1.725\times10^{18}$
算例 2	初始值	1	1	7	15	45	45	$\sigma_{\text{nom}}=3.53\times10^{-4}$
	优化值	1.38	1.79	7	14.3	45	45	$\sigma_{\text{nom}}=1.95\times10^{-2}$
算例 3	初始值	1	1	7	15	45	45	$E_3=0.491\text{GPa}$
	优化值	1.14	1.9	5	12.7	47.3	60	$E_3=2.56\ \text{GPa}$
算例 4	初始值	1	1	7	15	45	45	$f=0.011$
	优化值	1	1	10	16.6	44.2	45.3	$f=0.004$

上述算例在除了对设计变量的取值范围进行约束外,在算例 1 和算例 3 中

均对结构的相对密度取值范围进行限定，即 $\rho_{rel} \in (0.065, 0.075)$；在 4 个算例中均对失效模式进行了限定。其中，算例 1 ~ 算例 3 中给定的失效模式为大支撑表面板弹性褶皱，算例 4 中给定的失效模式的夹层梁外表面板褶皱。所有优化工作都是在多学科优化软件 ISIGHT 平台上完成的，通过集成 MATLAB 程序来进行计算。设计变量中除了大支撑长度 l 外均为连续设计变量，大支撑长度 l 通过小支撑单胞数 N 来控制，N 为整数。优化算法则选用 ISIGHT 提供的混合整型优化算法（MOST）。

目标函数迭代历程如图 8-3 所示。

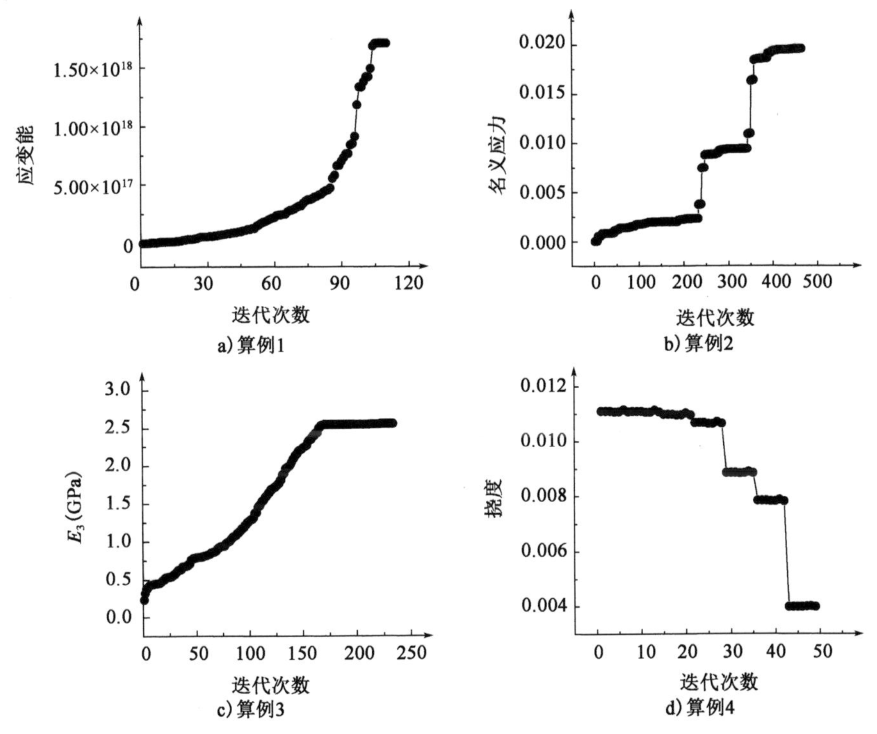

图 8-3　目标函数迭代历程

由图 8-3 可以看出，所有算例的优化目标函数值均得到了极大的改善，其中算例 1 ~ 算例 3 的目标函数都较初始设计有数量级的提升，优化效果相当明显。算例 2 是在给定相对密度情况下使得压缩工况下名义正应力的最大化，由于大支撑面板弹性褶皱失效模式约束，要求 $t/2l_1\cos\theta_1$ 相对较小，其他几何参数只要保证其他失效模式比大支撑面板弹性褶皱早出现，并满足相对密度约束即可。算例 3 与算例 2 不同的是，其在约束中增加了特定失效模式（大支撑表面弹性褶皱),因此,设计变量取值不能因为目标函数的最大化而一味地越大越好,t、t_1 和 l_1 的取值均与给定设计空间边界应有一定距离。同理,在算例 1 中也有该现象存在。而在算例 4 中给定的失效模式是夹层梁表面板弹性褶皱,但是表面板的厚度参数并没有作为设计变量考虑,只有通过芯层几何参数的变化,才能避免其他失效模式提前出现。从优化结果来看,仅 N 和 l_1 优化前后发生较大变化。其中,N 与大支撑长度有关,$l = 2Nl_1\cos\theta_1$,而夹层梁面板弹性褶皱失效模式与面板长细比有关,在厚度不变的情况下,$2l\cos\theta$ 起着决定性作用。由此推断,通过增大 N 可以增大 $2l\cos\theta$ 的取值,而增大 l_1 则是要保证在 l 增大的情况下保证大支撑结构的长细比不至于过小,从而避免大支撑的屈曲。

8.4 失效模式约束下的二级层级褶皱结构多目标优化设计

8.4.1 特定失效模式优先发生的结构轻量化设计

二级层级褶皱结构具有丰富多样的失效模式,如果能控制首次发生的失效模式类型,则可以更好地掌握该结构的特性,有利于在工程设计中应用。采用第 2 章推导的板模型的名义应力公式,计算模型发生各种生效模式时的名义应力值,通过比较各名义应力值的大小控制失效模式的发生顺序。另外,二级层级褶皱结构的重量和刚度是工程设计时需要考虑的两个重要参数,轻量化和最大化刚度是工程应用追求的一对矛盾的目标。因此,本节研究结构性能影响较小的失效模式(大支撑弹性褶皱)优先发生,针对二级层级褶皱结构单胞构件进行最小重量和最小挠度的多目标优化[126],优化流程如图 8-4 所示。

采用 Matlab 软件计算是基于板模型的各失效模式对应的名义应力值和结构的相对密度,同时基于 Python 语言对二级层级褶皱结构单胞构件进行参数化建模,然后采用 ABAQUS 有限元软件计算结构的挠度,最后采用第二代非劣排序遗传算法(NSGA-Ⅱ算法)进行多目标优化计算。

二级层级褶皱结构单胞构件采用铝合金 6061-T6,弹性模量 $E = 69\text{GPa}$,屈服应力 $\sigma_Y = 250\text{MPa}$,泊松比 $\nu = 0.3$,屈服应变 $\varepsilon_Y = 0.002$,板宽 $b = 152\text{mm}$[5]。基于 ABAQUS 软件建立参数化模型:有限元模型采用 S4R 壳单元,大支撑面板与小支撑的连接边使用相同的节点,大支撑面板分别与顶端、底端面板进行自由度耦合。在顶端、底端面板的中心建立上、下两个参考点,并分别与顶端、底端面板耦合。将底端参考点固支,有限元模型不考虑失效,采用效率较高的隐式算法分析,在顶端参考点处施加 5kN 的轴压荷载,如图 8-5 所示。

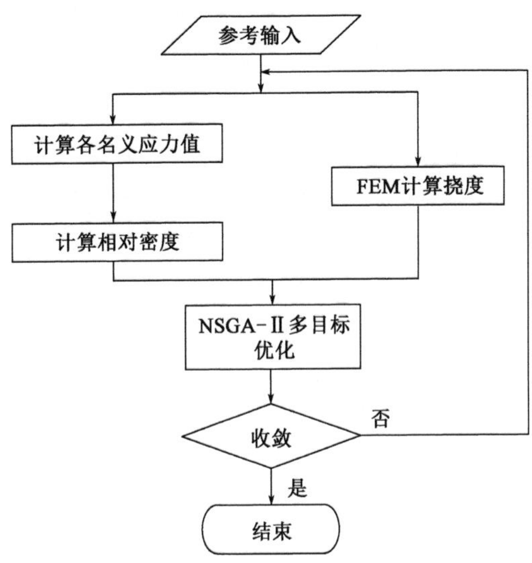

图 8-4　多目标优化流程图

图 8-5　二级层级褶皱结构单胞有限元模型

为了验证单元尺寸对有限元结果的影响，分别计算单元尺寸为 1mm、3mm、5mm、7mm 和 9mm 的 5 组模型的挠度如图 8-6 所示。

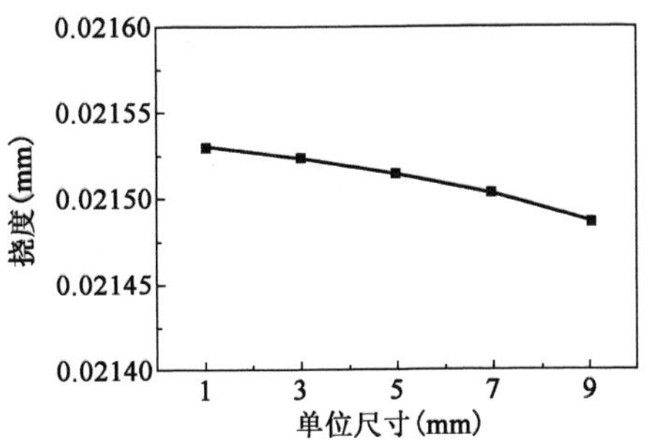

图 8-6　不同单元尺寸模型的挠度结果

由图 8-6 可知,模型挠度随着单元尺寸的增大而减小,并且随着单元尺寸的减小,挠度增大的幅值有下降的趋势。单元尺寸为 1mm 和 3mm 的有限元结果相差仅为 0.03%,但是前者的计算时间大大增加。因此,优化过程中单元尺寸取 3mm。计算机的配置如下:Xeon E5-2687W、3.1GHz 的 CPU,64GB 内存,基于 ABAQUS 软件单次有限元分析时间约 3min。特定失效模式优先发生的结构轻量化设计的优化列式为

$$\left.\begin{aligned}&\text{Find}: t, \theta, t_1, l_1, \theta_1, n\\&\min\ \rho_{\text{rel}}, f\\&\text{S. t.}\ \sigma_4 < \sigma_{\text{i}}\\&t/l \in (0, 0.2) \quad t_1/l_1 \in (0, 0.2) \quad l_1/l \in (0, 0.2)\end{aligned}\right\} \tag{8-17}$$

式中:t、θ、t_1、l_1、θ_1、n——大支撑面板厚度、角度,小支撑厚度、长度、角度及小支撑数量(当 $\theta > \theta_1$ 时,共有 $2n$ 个小支撑;当 $\theta < \theta_1$ 时,共有 $2n-1$ 个小支撑);

ρ_{rel}——无量纲相对密度;

f——顶端面板中心的挠度;

σ_4——发生大支撑弹性褶皱失效时的名义应力;

σ_{i}——发生其他 5 种失效模式对应的名义应力;

t/l、t_1/l_1——其取值是为了保证构件可视为弹性板;

l_1/l——其取值是为了保证构件能够发生屈曲失效。

$$\rho_{\text{rel}} = \frac{4t}{l\sin2\theta} + \frac{4t_1\sin\theta_1}{l\sin2\theta_1\sin2\theta} \tag{8-18}$$

设计变量的初始值及上下限列于表 8-4。优化结束后以挠度为 x 轴、重量为 y 轴作 Pareto 前沿图,如图 8-7 所示。从中选取 4 个典型设计点,A_1、D_1 是图中的两个端点,中间的两个设计点 B_1、C_1 大致是曲线斜率突变的点。重量下降最快(挠度增大最慢)的是曲线 A_1B_1,其次是曲线 B_1C_1,最后是曲线 C_1D_1。4 个典型设计点对应的设计变量及目标函数值列于表 8-4,4 种设计中大支撑角度 θ 均为 56.6°;大支撑厚度 t 的取值为 1.5 ~ 2.3mm;小支撑厚度 t_1 均为 0.7mm;小支撑长度 l_1 的取值接近上边界,为 16 ~ 20mm;A_1 中有 7 对小支撑,B_1、C_1 与 D_1 中 n 取 9,B_1 与 A_1、C_1、D_1 中 θ_1 差别较大。

设计变量初始值、上下限及 Pareto 前沿图中 4 个设计点的值　　表 8-4

设计	t (mm)	θ (°)	t_1 (mm)	l_1 (mm)	θ_1 (°)	n	挠度 (mm)	与初始值的差异（%）	ρ_{rel}	与初始值的差异(%)
初始值	1.0	45.0	1.0	15.0	45.0	7	0.022	—	0.050	—
下边界	0.5	30.0	0.5	10.0	30.0	5	—	—	—	—
上边界	3.0	60.0	3.0	20.0	60.0	10	—	—	—	—
A_1	2.3	56.6	0.7	16.1	38.4	7	0.013	-43	0.068	36
B_1	2.3	56.6	0.7	17.1	37.8	9	0.018	-20	0.048	-4
C_1	1.7	56.6	0.7	19.4	38.4	9	0.026	18	0.035	-30
D_1	1.5	56.6	0.7	20.0	38.4	9	0.032	44	0.030	-40

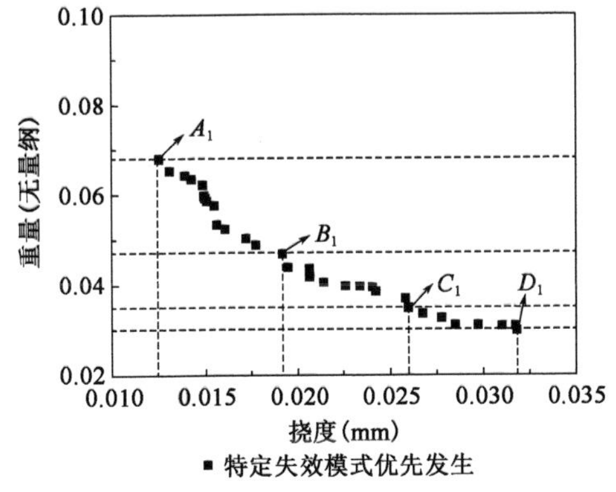

图 8-7　多目标优化模型的 Pareto 前沿图及设计点

通过观察表 8-4 和图 8-7 可以发现，A_1 重量最大，而挠度最小，相比初始设计，重量增大了 36%，挠度减小了 43%，是以挠度最小为单目标的最优解。D_1 与 A_1 相反，重量最小，挠度最大，相比初始设计，重量减小了 40%，挠度增大了 44%，即以轻量化为单目标的最优解。B_1、C_1 两个设计点相比 A_1、D_1，是综合考虑了挠度和重量两个目标后给出的折中解。B_1 相比初始设计，在减重 4% 的情形下，挠度减小了 20%。C_1 相比初始设计，在挠度增大了 18% 的情况下，减重 30%。位于 B_1、C_1 两设计点之间的设计同时考虑了轻量化和刚度的需求，显然更符合该多目标优化问题，在工程应用中更易于被采纳。

为了验证基于公式得到的 Pareto 前沿上的设计是否满足约束条件，即大支撑弹性褶皱是否为首次发生的失效模式，分别建立 A_1、B_1、C_1、D_1 4 个设计点对应的有限元模型。采用显式动力学方法进行分析，采用位移线性加载方式，其中位移荷载大小分别为 1mm、1.2mm、1.1mm 和 0.9mm，加载时间为 0.2s。基于

ABAQUS 软件有限元分析的时间约 3.5h。

计算完成后分别绘制 4 种模型的位移-支反力曲线,如图 8-8 所示。可以发现,拐点 E 后结构位移仍线性增大,而图 8-8a) ~ b) 中支反力增大幅度减小,图 8-8c) ~ d) 中支反力急剧减小,并且 4 种设计的极限承载能力逐渐减弱。下面以 C_1 为例,验证结构的失效模式类型。由 E 点前后的应力位移云图[图 8-8c)]可知,除去大支撑面板与顶端面板连接处的应力由于应力集中较大外,E 点前大支撑面板整体的应力水平(大于 112MPa)仍远大于小支撑的应力水平(小于89.9MPa);E 点后大支撑面板局部的应力增大显著。结合 E 点前后的等效塑性应变分布(图 8-9),仅有大支撑面板与顶端面板连接处由于应力集中出现少量屈服,整体并未进入塑性。由此可以判断,大支撑面板局部(非连接处)从 E 点开始出现失效,首先发生的失效模式为大支撑弹性褶皱,满足上述优化设计的约束条件。其他 3 个设计点与 C_1 点类似,仅应力值大小不同,4 个设计点的应力值分别为 260.2MPa、248.7MPa、189.5MPa 和136.7MPa,且逐渐减小。

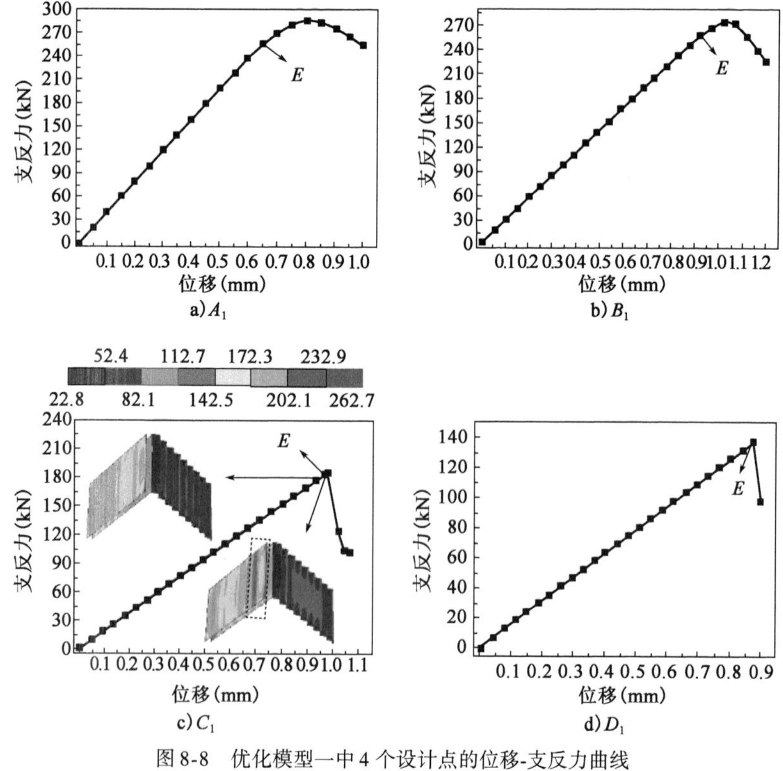

图 8-8 优化模型一中 4 个设计点的位移-支反力曲线

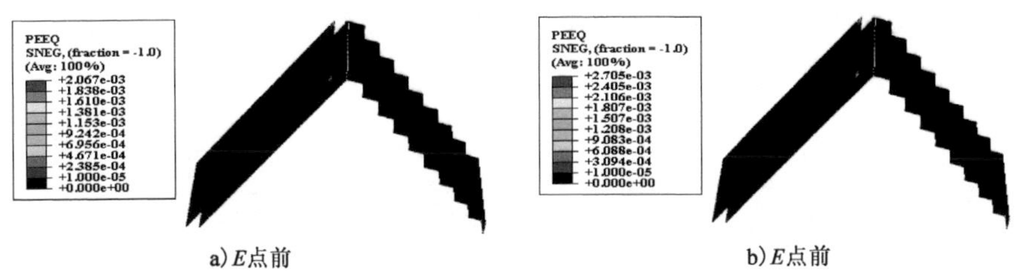

a) E点前　　b) E点前

图 8-9　C_1 设计中夹芯的等效塑性应变图

8.4.2　特定失效模式序列发生的结构轻量化设计

二级层级褶皱结构单胞构件虽然可以发生多种类型的失效模式，但是发生不同的失效模式对结构的承载能力影响程度是不同的。本节将失效模式分为局部失效和整体失效两级，针对二级层级褶皱结构单胞构件开展特定失效模式等级序列发生的最小重量和最小挠度多目标优化，即以第一级的失效模式优先发生为约束条件，同时第二级失效模式的名义应力大于第一级的名义应力加上初始设计的名义应力的 δ 倍。

对于实际工程结构来说，发生局部失效带来的损失较低，而发生整体失效带来的后果较为严重。因此，对上述 6 种失效模式进行评估分级，并据此设计按照失效模式等级序列发生的结构形式。大支撑面板弹性褶皱、大支撑塑性屈服、小支撑塑性屈服和小支撑弹性屈曲属于局部失效，将其定义为第一级；大支撑弹性屈曲和大支撑剪切屈曲则属于整体失效，将其定义为第二级。另外，对比优化模型一中 4 个设计点的位移-支反力曲线（图 8-8）可以发现，图 8-8a）中发生大支撑弹性褶皱失效后支反力未立即减小，维持一段时间后结构才丧失承载能力；而图 8-8b）~d）中支反力直线下降，失效后突然丧失承载能力。这是由于图 8-8b）~d）的设计中整体失效对应的名义应力值与大支撑弹性褶皱比较接近，结构发生首次失效后，立即发生了其他失效模式。显然，图 8-8a）对应的设计更为安全。基于以上分析，针对二级层级褶皱结构单胞构件开展特定失效模式等级序列发生的最小重量和最小挠度多目标优化，即以第一级的失效模式优先发生为约束条件，同时第二级失效模式的名义应力大于第一级的名义应力加上初始设计的名义应力的 δ 倍，经过试算，在本书中将 0.05 作为名义应力值的差异值 δ。其优化列式见式（8-19）。

$$\left.\begin{aligned}&\text{Find: } t,\theta,t_1,l_1,\theta_1,n\\&\min \rho_{\text{rel}},f\\&\text{S.t. } \sigma_j<\sigma_i+\delta\sigma_0\\&t/l\in(0,0.2)\quad t_1/l_1\in(0,0.2)\quad l_1/l\in(0,0.2)\end{aligned}\right\}\tag{8-19}$$

式中：σ_j和σ_i——第一级和第二级的失效模式对应的名义应力；

σ_0——初始设计的名义应力。

从 Pareto 前沿图（图 8-10）中取出 4 个典型设计点 A_2、B_2、C_2与 D_2，4 个设计点的重量分别与优化模型一中的设计对应相等，变量值见表 8-5，所有的变量与第一种优化对应的设计相比，均有不同程度的减小。4 种设计中 θ 大小接近，稳定为 48°左右；t 的取值为 0.8～1.5mm；t_1接近下边界，取 0.5mm 或 0.6mm；l_1接近初始值 15mm；A_2中 n 取 5，B_2、C_2与 D_2中 n 取 6；θ_1均取 37.1°。A_2重量最大，挠度最小，相比初始设计，重量增大了 36%，挠度减小了 34%，它是以挠度最小为单目标的最优解。D_2重量最小，挠度最大，与初始设计相比，重量减小了 40%，挠度增大了 72%，它是以轻量化为单目标的最优解。B_2、C_2两个设计点与 A_2、D_2相比，是综合考虑了挠度和重量两个目标后给出的折中解。与初始设计相比，B_2在重量减小 3.3% 的情形下，挠度减小 4.8%。C_2在挠度增大 36% 的情况下，减重 29%。位于 B_2、C_2两个设计点之间的设计综合考虑了轻量化和刚度两种需求，更接近实际结构。

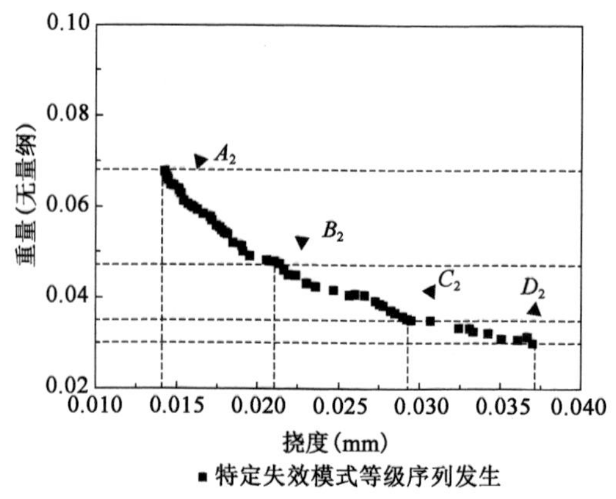

图 8-10　多目标优化模型的 Pareto 前沿图及设计点

Pareto 前沿图中 4 个设计点的变量值及对比　　表 8-5

设计	t (mm)	θ (°)	t_1 (mm)	l_1 (mm)	θ_1 (°)	n	挠度 (mm)	与初始值的差异 (%)	ρ_{rel}	与初始值的差异(%)
A_2	1.5	48.4	0.6	14.1	37.1	5	0.014	−36	0.068	36
B_2	1.4	48.3	0.5	14.7	37.1	6	0.020	−9	0.048	−4
C_2	1.1	48.6	0.5	16.8	37.1	6	0.029	32	0.035	−30
D_2	0.8	48.4	0.5	16.1	37.1	6	0.037	68	0.030	−40

分别建立 A_2、B_2、C_2与 D_2 4 个设计点对应的有限元模型,采用显式动力学方法进行分析,采用位移线性加载方式。4 个设计点对应的位移-荷载曲线分别如图 8-11a) ~ d)所示。过转折点 F 后,与优化模型一的位移-荷载曲线的区别是支反力没有迅速下降,仍然具有一定的承载能力。这说明定义的约束条件,即二级失效模式名义应力大于一级的名义应力加上初始设计的名义应力的 5% 发挥了作用,但是结构的承载能力均有所下降。

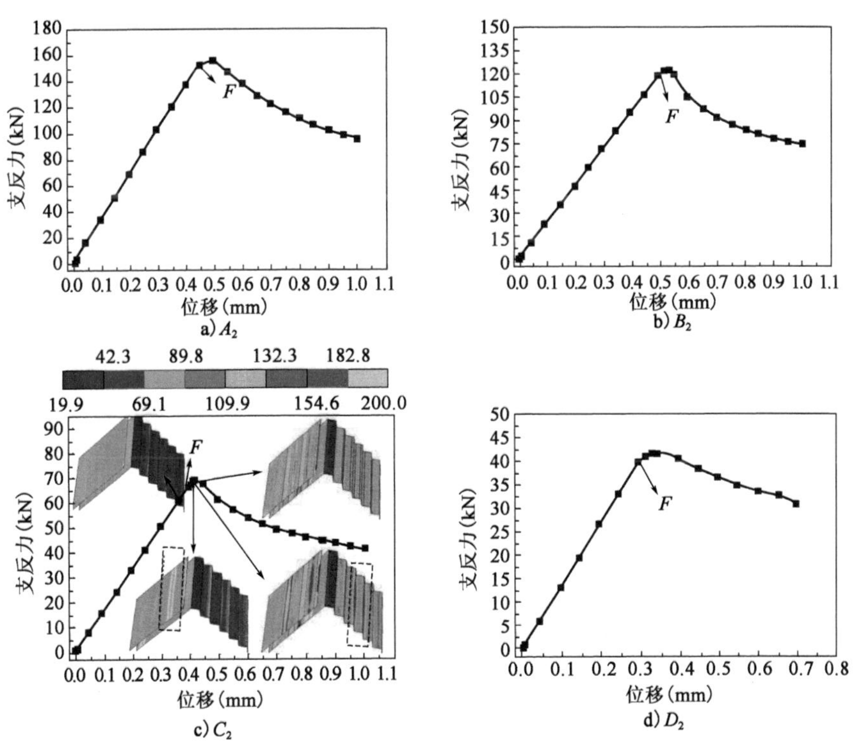

图 8-11　优化模型二中 4 个设计点的位移-荷载曲线

下面以 C_2 为例，观察拐点 F 前一时刻及向后连续 3 个时间点的应力分布及对应的等效塑性应变分布，进而判断结构发生的失效模式类型。对比图 8-11c）中 F 点前后两幅应力-位移云图，大支撑面板局部的应力急剧增大；结合图8-12 中 F 点前后两幅图中的等效塑性应变分布，大支撑面板仅有与顶端面板连接处由于应力集中出现少量屈服，且等效塑性应变仅为 0.096%，所以此时结构发生的失效模式为大支撑弹性褶皱。对比图 8-11c）中过 F 点的两幅应力-位移云图，小支撑面板的应力局部出现急剧增大现象，同样结合图 8-12 中过 F 点后第二幅图中的等效塑性应变分布，大支撑面板进入塑性而小支撑面板并未进入屈服，说明此时结构已发生大支撑塑性屈服与小支撑弹性屈曲。对比图 8-11c）中过 F 点后最后两幅应力-位移云图，小支撑面板的应力继续增大；而且图 8-12 中最后一幅等效塑性应变图中小支撑面板已进入塑性，由此可以判断，此时结构发生了小支撑塑性屈服。其他 3 个设计点发生的失效模式类型类似，只是第一级的 4 种失效类型出现的先后顺序不同。综上所述，Pareto 前沿图上的设计满足特定失效模式等级序列的发生。

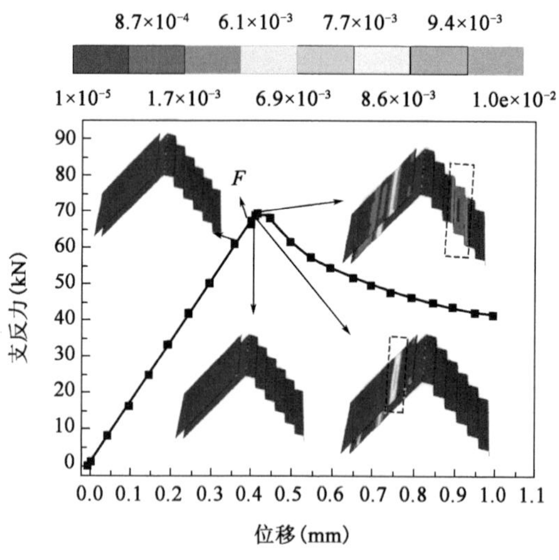

图 8-12 优化模型二中 C_2 设计中夹芯的等效塑性应变云图

8.5 本章小结

二级层级褶皱结构具有丰富的失效模式，结构性能对几何参数具有高度的敏感性，几何参数的小幅变化都有可能导致最先发生的结构失效模式类型发生改变,从而会导致结构性能迥异。因此,通过传统的设计方法很难获得理想性能设计方案,而优化设计的思想从根本上解决了这一难题。本章充分考虑二级层级褶皱结构丰富的失效模式和特点,针对不同的性能需求提出了两大类优化设计,即基于特定失效模式的结构轻量化设计和基于特定失效模式序列的结构轻量化设计。

本章将前几章中针对二级层级褶皱结构相关的失效模式、弹性等效和夹层梁三点弯曲挠度计算内容进行有机结合,根据不同的优化目标,针对两类优化设计一共给出了6个优化列式。其中,针对结构轻量化目标给出了基于特定失效模式和基于特定失效模式序列的结构轻量化设计两个优化模型。针对结构力学性能优化设计给出了4个单目标优化模型:基于失效模式的结构应变能最大化设计、基于给定材料的结构强度优化设计、基于等效弹性常数的强度优化设计以及基于等效弹性常数的夹层梁挠度优化设计。算例结果表明,通过优化设计的方法,结构性能在满足约束条件情况下都得到了极大的改善,也验证了通过优化设计获得理想性能设计方案的可行性。

本章采用NSGA-Ⅱ优化算法进行最小重量和最小挠度的多目标优化设计,比较了两种优化模型:第一种是特定失效模式(大支撑弹性褶皱)优先发生,第二种是特定失效模式等级(先局部失效后整体失效)序列发生。此外,分别讨论了两种优化的Pareto前沿图中的4个设计点的性能,并且采用有限元分析验证了两种优化模型的Pareto前沿图中的设计均满足约束条件:第一种优化中,Pareto前沿图上的结构失效时优先发生大支撑弹性褶皱;第二种优化中,Pareto前沿图上的结构失效时优先发生第一级的失效模式。这两种优化模型均可得到性能优异的结构设计,但是第二种优化模型在第一种优化模型的基础上,考虑了名义应力值的差异对结构的承载力的影响,能够防止结构突然发生整体失效,结构更加安全,更利于在工程中使用。

参 考 文 献

[1] Dyson, F. J. Perspectives in Modern Physics: Essays in Honor of Hans Bethe, Marshak. R. E. (ed.)[M]. New York, Wiley Interscience, 1966: 641-655.

[2] Lakes R. Materials with structural hierarchy[J]. Nature, 1993, 361(6412): 511-515.

[3] Plantema F J. Sandwich construction[M]. New York: WileyLtd., 1996.

[4] Noor A K, Burton W S, Bert C W. Computational models for sandwich panels and shells[J]. Applied Mechanics Reviews, 1996, 49(3): 155-199.

[5] 肖锋,谌勇,章振华,等. 三明治结构爆炸冲击动力学研究综述[J]. 噪声与振动控制,2012,06:1-7.

[6] Kooistra G, Deshpande V, Wadley H. Hierarchical Corrugated Core Sandwich Panel Concepts[J]. Journal of Applied Mechanics, 2007, 74(2):259-268.

[7] T. Bhat, T G Wang, L J Gibson. Micro-sandwich honeycomb[J]. Society of Aerospace Material and Process Engineers, 1989(25):43-45.

[8] Murphey T W, Hinkle J D. Some performance trends in hierarchical truss structures[J]. AIAA, Norfolk, VA, 2003-1903:1-15.

[9] Hashin Z, Shtrikman S. A variational approach to the theory of the elastic behaviour of multiphase materials[J]. Journal of the Mechanics and Physics of Solids, 1963, 11(2): 127-140.

[10] Norris A N. A differential scheme for the effective moduli of composites[J]. Mechanics of Materials, 1985, 4(1): 1-16.

[11] Milton G W. Modelling the properties of composites by laminates[M]//Homogenization and effective moduli of materials and media. Springer New York, 1986:150-174.

[12] Francfort G A, Murat F. Homogenization and optimal bounds in linear elasticity[J]. Archive for Rational Mechanics and Analysis, 1986, 94(4): 307-334.

[13] Mulas MG, Coronelli D, Martinelli L. Multi-scale modelling approach for the pushover analysis of existing RC shear walls-Part I: Model formulation[J]. Earthquake Engng Struct. Dyn, 2007,6:1169-1187.

[14] Mulas MG, Coronelli D, Martinelli L. Multi-scale modelling approach for the pushover analysis of existing RC shear walls-Part II: Experimental verification [J]. Earthquake Engng Struct. Dyn, 2007,6:1189-1207.

[15] Bendsoe M P, Sigmund Ole. Topology optimization: theory, methods and applications[M]. Springer, 2003.

[16] Bhat T, Wang T G, GibsonL J. Micro-sandwich honeycomb[J]. Society of Aerospace Material and Process Engineers, 1989(25): 43-45.

[17] Lakes R S. High damping composite materials: effect of structural hierarchy [J]. Journal of Composite Materials, 2002, 36(3): 287-297.

[18] Shu D. Vibration of sandwich beams with double delaminations[J]. Composites Science and Technology, 1995, 54(1): 101-109.

[19] Yang M, Qiao P. Higher-order impact modeling of sandwich structures with flexible core[J]. International Journal of Solids and Structures, 2005, 42 (20): 5460-5490.

[20] Reissner E. On bending of elastic plates[J]. Quart. Appl. Math, 1947, 5(1): 55-68.

[21] 胡海昌.各向同性夹层板反对称小挠度的若干问题[J].力学学报,1963,6(1):53-60.

[22] Hoff N J. Bending and buckling of rectangular sandwich plates[M]. National Advisory Committee for Aeronautics, 1950.

[23] 杜庆华.三合板的一般弹性理论[J].物理学报,1954, 10(4): 395-412.

[24] Yu Y Y. A New Theory of Elastic Sandwich Plates:-One-dimensional Case [M]. United States Air Force, Office of Scientific Research, 1958.

[25] Mindlin R D. On Reissner's equations for sandwich plates[J]. Mechanics Today., 1980, 5: 315-328.

[26] Whitney J M. Stress Analysis of Thick Laminated Composite and Sandwich Plates[J]. Journal of Composite Materials, 1972, 6(4): 426-440.

[27] Srinivas S, Rao A K. Bending, vibration and buckling of simply supported thick orthotropic rectangular plates and laminates[J]. International Journal of Solids and Structures, 1970, 6(11): 1463-1481.

[28] Pagano N J. Exact solutions for rectangular bidirectional composites and sandwich plates[J]. Journal of Composite Materials, 1970, 4(1): 20-34.

[29] Cheng Z, Kennedy D, Williams W F. Effect of interfacial imperfection on

buckling and bending behavior of composite laminates[J]. AIAA Journal, 1996, 34(12): 2590-2595.

[30] Cheng Z Q, Jemah A K, Williams F W. Theory for multilayered anisotropic plates with weakened interfaces[J]. Journal of Applied Mechanics, 1996, 63(4): 1019-1026.

[31] Sciuva M D. Geometrically nonlinear theory of multilayered plates with interlayer slips[J]. AIAA Journal, 1997, 35(11): 1753-1759.

[32] Icardi U. Free vibration of composite beams featuring interlaminar bonding imperfections and exposed to thermomechanical loading[J]. Composite Structures, 1999, 46(3): 229-243.

[33] Icardi U, Sciuva M D, Librescu L. Dynamic response of adaptive cross-ply cantilevers featuring interlaminar bonding imperfections[J]. AIAA Journal, 2000, 38(3): 499-506.

[34] 石勇,朱锡,梅志远. 横向荷载作用下夹层梁力学性能分析[J]. 船舶力学, 2008,12(4):624-628.

[35] Sokolinsky V, Frostig Y. Nonlinear behavior of sandwich panels with a transversely flexible core[J]. AIAA Journal, 1999, 37(11): 1474-1482.

[36] 程银水,朱锜. Reissner 夹层板的弯曲、稳定和振动问题的解析解[J]. 北京建筑工程学院学报, 1993(1):31-43.

[37] 李跃军,程银水. 夹层板弯曲问题的 Hoff 理论的解析解[J]. 工程力学, 1998,15(1):115-127.

[38] 龚志钰,余茂益. 夹芯梁结构分析的 Fourier 级数求解[J]. 成都科技大学学报,1994(4):87-94.

[39] 刘钧,程远胜. 考虑几何特性的方形蜂窝夹层板总体屈曲荷载求解方法[J]. 工程力学, 2009,26(7):245-250

[40] Frank Xu X, Qiao P. Homogenized elastic properties of honeycomb sandwich with skin effect[J]. International Journal of Solids and Structures, 2002, 39(8): 2153-2188.

[41] Icardi U. Applications of zig-zag theories to sandwich beams[J]. Mechanics of Advanced Materials and Structures, 2003, 10(1): 77-97.

[42] Ashby M F. Metal foams: a design guide[M]. Butterworth-Heinemann, 2000.

[43] Bart-Smith H, Hutchinson J W, Evans A G. Measurement and analysis of the structural performance of cellular metal sandwich construction[J]. Internation-

al Journal of Mechanical Sciences, 2001, 43(8): 1945-1963.

[44] Deshpande V S, Fleck N A, Ashby M F. Effective properties of the octet-truss lattice material[J]. Journal of the Mechanics and Physics of Solids, 2001, 49 (8): 1747-1769.

[45] Deshpande V S, Fleck N A. Collapse of truss core sandwich beams in 3-point bending[J]. International Journal of Solids and Structures, 2001, 38(36): 6275-6305.

[46] Chiras S, Mumm D R, Evans A G, et al. The structural performance of near-optimized truss core panels[J]. International Journal of Solids and Structures, 2002, 39(15): 4093-4115.

[47] Hyun S, Karlsson A M, Torquato S, et al. Simulated properties of Kagomé and tetragonal truss core panels[J]. International Journal of Solids and Structures, 2003, 40(25): 6989-6998.

[48] Wang J, Evans A G, Dharmasena K, et al. On the performance of truss panels with Kagome cores[J]. International Journal of Solids and Structures, 2003, 40(25): 6981-6988.

[49] Rubino V, Deshpande V S, Fleck N A. The collapse response of sandwich beams with a Y-frame core subjected to distributed and local loading[J]. International Journal of Mechanical Sciences, 2008, 50(2): 233-246.

[50] Pedersen C B W, Deshpande V S, Fleck N A. Compressive response of the Y-shaped sandwich core[J]. European Journal of Mechanics-A/Solids, 2006, 25(1): 125-141.

[51] Rathbun H J, Zok F W, Waltner S A, et al. Structural performance of metallic sandwich beams with hollow truss cores[J]. Acta Materialia, 2006, 54(20): 5509-5518.

[52] Cote F, Deshpande V S, Fleck N A, et al. The compressive and shear responses of corrugated and diamond lattice materials[J]. International Journal of Solids and Structures, 2006, 43(20): 6220-6242.

[53] Fleck N A, Sridhar I. End compression of sandwich columns[J]. Composites Part A: Applied Science and Manufacturing, 2002, 33(3): 353-359.

[54] Chen C, Harte A-M, Fleck N A. The plastic collapse of sandwich beams with a metallic foam core[J]. International Journal of Mechanical Sciences, 2001 (43):1483-1506

[55] Tagarielli V L, Fleck N A, Deshpande V S. The collapse response of sandwich beams with aluminium face sheets and a metal foam core[J]. Advanced Engineering Materials, 2004, 6(6): 440-443.

[56] Cote F, Biagi R, Bart-Smith H, et al. Structural response of pyramidal core sandwich columns[J]. International Journal of Solids and Structures, 2007, 44(10): 3533-3556.

[57] Styles M, Compston P, Kalyanasundaram S. The effect of core thickness on the flexural behaviour of aluminium foam sandwich structures[J]. Composite Structures, 2007, 80(4): 532-538.

[58] Dai J, Thomas Hahn H. Flexural behavior of sandwich beams fabricated by vacuum-assisted resin transfer molding[J]. Composite Structures, 2003, 61(3): 247-253.

[59] Petras A, Sutcliffe M P F. Failure mode maps for honeycomb sandwich panels[J]. Composite Structures, 1999, 44(4): 237-252.

[60] Sha J B, Yip T H. In situ surface displacement analysis on sandwich and multilayer beams composed of aluminum foam core and metallic face sheets under bending loading[J]. Materials Science and Engineering: A, 2004, 386(1): 91-103.

[61] Belingardi G, Martella P, Peroni L. Fatigue analysis of honeycomb-composite sandwich beams[J]. Composites Part A: Applied Science and Manufacturing, 2007, 38(4): 1183-1191.

[62] Mohan K, Hon Y T, Idapalapati S, et al. Failure of sandwich beams consisting of alumina face sheet and aluminum foam core in bending[J]. Materials Science and Engineering: A, 2005, 409(1): 292-301.

[63] Steeves C A, Fleck N A. Material selection in sandwich beam construction[J]. Scripta Materialia, 2004, 50(10): 1335-1339.

[64] Steeves C A, Fleck N A. Collapse mechanisms of sandwich beams with composite faces and a foam core, loaded in three-point bending. Part I: analytical models and minimum weight design[J]. International Journal of Mechanical Sciences, 2004, 46(4): 561-583.

[65] Steeves C A, Fleck N A. Collapse mechanisms of sandwich beams with composite faces and a foam core, loaded in three-point bending. Part II: experimental investigation and numerical modelling[J]. International Journal of Me-

chanical Sciences, 2004, 46(4): 585-608.

[66] 苏文政,刘书田,张永存. 桁架板等效刚度分析[J]. 计算力学学报,2007,24(6):763-767.

[67] 郝鹏,王博,李刚,等. 基于代理模型和等效刚度模型的加筋柱壳混合优化设计[J]. 计算力学学报,2012,29(4):481-486.

[68] 富明慧,尹久仁. 蜂窝芯层的等效弹性参数[J]. 力学学报,1999,31(1):113-118 .

[69] 周廷美,陈菲菲. 瓦楞夹层结构等效弹性常数的多步均匀化方法[J]. 武汉理工大学学报,2009, 31(17): 141-144.

[70] 邱克鹏,张卫红,孙士平. 蜂窝夹层结构等效弹性常数的多步三维均匀化数值计算分析[J]. 西北工业大学学报,2006,24(4):514-518.

[71] Libove C, Hubka R K. Elastic constants for corrugated-core sandwich plates [M]. National Advisory Committee for Aeronautics,1951.

[72] 王红霞,王德禹,李喆. 三角形夹芯板夹心层的等效弹性常数[J]. 固体力学学报,2007,28(2):178-182.

[73] 王青伟,赵才其. 三角形桁架夹心层的等效弹性常数研究和夹芯板参数优化设计[J]. 特种结构,2010, 27(5):178-182.

[74] Kazemahvazi S, Zenkert D. Corrugated all-composite sandwich structures. Part 1: Modeling [J]. Composites Science and Technology, 2009, 69 (7): 913-919.

[75] Kazemahvazi S, Tanner D, Zenkert D. Corrugated all-composite sandwich structures. Part 2: Failure mechanisms and experimental programme [J]. Composites Science and Technology, 2009, 69(7): 920-925.

[76] Lok T S, Cheng Q H. Elastic stiffness properties and behavior of truss-core sandwich panel [J]. Journal of Structural Engineering, 2000, 126 (5): 552-559.

[77] 于俊,邱灿星. 一对边固定一对边自由夹层板的抗弯分析[J]. 山西建筑,2010,36(34): 72-73.

[78] Markaki A E, Clyne T W. Mechanics of thin ultra-light stainless steel sandwich sheet material: Part I. Stiffness[J]. Acta materialia, 2003, 51(5): 1341-1350.

[79] Marasco A I, Cartié D D R, Partridge I K, et al. Mechanical properties balance in novel Z-pinned sandwich panels: Out-of-plane properties[J]. Compos-

ites Part A: applied science and manufacturing, 2006, 37(2): 295-302.

[80] Hohe J, Becker W. A refined analysis of the effective elasticity tensor for general cellular sandwich cores[J]. International Journal of Solids and Structures, 2001, 38(21): 3689-3717.

[81] Buannic N, Cartraud P, Quesnel T. Homogenization of corrugated core sandwich panels[J]. Composite Structures, 2003, 59(3): 299-312.

[82] Lok T S, Cheng Q H. Elastic stiffness properties and behavior of truss-core sandwich panel [J]. Journal of Structural Engineering, 2000, 126 (5): 552-559.

[83] 赵群,金海波,丁运亮,等.加筋板总体失稳分析的等效层合板模型[J].复合材料学报,2009,26(3):198-204.

[84] 石勇,朱锡,李海涛,等.考虑表层抗弯刚度影响的夹层板静力学等效分析[J].海军工程大学学报,2006,18(6):106-110.

[85] 周加喜,邓子辰.类桁架夹层板的等效弹性常数研究[J].固体力学学报,2008,29 (2):187-192.

[86] 李友旺,喻清漪.夹层梁等效弹性常数与应力的研究[J].天津纺织工学院学报,1994,13(4):99-103.

[87] Liu T, Deng Z C, Lu T J. Design optimization of truss-cored sandwiches with homogenization[J]. International Journal of Solids and Structures, 2006, 43 (25): 7891-7918.

[88] 周加喜,邓子辰,刘涛.受压夹层板的失效模式分析及优化设计[J].西北工业大学学报,2007,Vol25(1):74-78.

[89] Simone A E, Gibson L J. Effects of solid distribution on the stiffness and strength of metallic foams[J]. Acta Materialia, 1998, 46(6): 2139-2150.

[90] Tian Y S, Lu T J. Optimal design of compression corrugated panels[J]. Thin-walled Structures, 2005, 43(3): 477-498.

[91] Valdevit L, Hutchinson J W, Evans A G. Structurally optimized sandwich panels with prismatic cores[J]. International Journal of Solids and Structures, 2004, 41(18): 5105-5124.

[92] Thamburaj P, Sun J Q. Optimization of anisotropic sandwich beams for higher sound transmission loss[J]. Journal of Sound and Vibration, 2002, 254(1): 23-36.

[93] Wicks N, Hutchinson J W. Optimal truss plates[J]. International Journal of

Solids and Structures, 2001, 38(30): 5165-5183.

[94] Wadley H N G, Fleck N A, Evans A G. Fabrication and structural performance of periodic cellular metal sandwich structures[J]. Composites Science and Technology, 2003, 63(16): 2331-2343.

[95] Evans A G, Hutchinson J W, Fleck N A, et al. The topological design of multifunctional cellular metals[J]. Progress in Materials Science, 2001, 46(3): 309-327.

[96] Mohan K, Hon Y T, Idapalapati S, et al. Failure of sandwich beams consisting of alumina face sheet and aluminum foam core in bending ering: A, 2005, 409(1): 292-301.

[97] Xie M, Foundoukos N, Chapman J C. Static tests on steel-concrete-steel sandwich beams[J]. Journal of Constructional Steel Research, 2007, 63(6): 735-750.

[98] Pedersen C B W, Deshpande V S, Fleck N A. Compressive response of the Y-shaped sandwich core[J]. European Journal of Mechanics-A/Solids, 2006, 25(1): 125-141.

[99] Chen C, Harte A M, Fleck N A. The plastic collapse of sandwich beams with a metallic foam core[J]. International Journal of Mechanical Sciences, 2001, 43(6): 1483-1506.

[100] Zenkert D. An Introduction to Sandwich Construction, Engineering Materials [M]. Advisory Service, Sheffield, UK, pp. ,1995: 30-60.

[101] 肖明心.板的稳定理论[M],成都:四川科学技术出版社,1993.

[102] Li G, Fang Y. Failure mode analysis and performance optimization of the hierarchical corrugated truss structure[J]. Advances in Mechanical Engineering, 2014, 6: 251,591.

[103] Hosseini-Hashemi S, Khorshidi K, Amabili M. Exact solution for linear buckling of rectangular Mindlin plates[J]. Journal of Sound and Vibration, 2008, 315(1): 318-342.

[104] 方耀楚.二级层级褶皱结构力学性能研究与优化设计[D].大连:大连理工大学,2014.

[105] 方耀楚,李刚. 基于板理论的层级褶皱结构失效模式分析[J]. 固体力学学报,2014,3:241-248.

[106] 程华,刘方龙. 复合材料夹层板弯曲修正的 Reissner 理论[J].复合材料

学报,1990,7(4):17-22.

[107] Drysdale R G, Haddad G B, Betancourt-Angel F. Thick skin sandwich beam columns with weak cores[J]. Journal of the Structural Division, 1979, 105(12): 2601-2619.

[108] Schoutens J E. Direct measurements of non-linear stress-strain curves and elastic properties of metal matrix composite sandwich beams with any core material[J]. Journal of Materials Science, 1985, 20(12): 4421-4430.

[109] Johnson A F, Sims G D. Mechanical properties and design of sandwich materials[J]. Composites, 1986, 17(4): 321-328.

[110] 李真,周仕刚,薛元德. 剪切对泡沫夹层结构梁弯曲性能的影响[J]. 玻璃钢/复合材料,2011, 2(1): 19-23.

[111] 於红梅. 夹层梁纯弯曲正应力理论公式推导与实验分析[J]. 湖北工业大学学报,2007,22(2): 54-56.

[112] Xie Z Y, Yu J L, Zheng Z J. A plastic indentation model for sandwich beams with metallic foam cores [J]. Acta Mechanica Sinica, 2011, 27(6): 963-966.

[113] Sun L Y, Chen W W, Feng J B. Failure mode prediction of sandwich plate under bending loads[J]. 北京理工大学学报, 2011, 20(2):272-279.

[114] 张涛,张新昌. 瓦楞纸板弯曲问题的基本方程[J]. 包装工程,2007, 28(5):76-78.

[115] 童根树. 格构柱的夹层梁相关屈曲理论[J]. 西安建筑科技大学学报(自然科学版),1987,3:95-104.

[116] Peng L X, Liew K M, Kitipornchai S. Analysis of stiffened corrugated plates based on the FSDT via the mesh-free method[J]. International Journal of Mechanical Sciences, 2007, 49(3): 364-378.

[117] 彭林欣,柏挺. 波纹夹层板线性弯曲分析的无网格伽辽金法[J]. 工程力学,2011,28(8): 17-22.

[118] Gang Li,Yaochu Fang , Peng Hao ,et al. Three-point bending deflection and failuremechanism map of sandwich beams withsecond-orderhierarchicalcorrugated truss core[J],Journal of Sandwich Structures & Materials,2017, 19(1):83-107.

[119] Gang Li ,Zhaokai Li , Peng Hao ,et al. Failure behavior of hierarchical corrugated sandwich structures with second-order core based on Mindlin plate

theory[J]. Journal of Sandwich Structures & Materials, 2017:109963621769749.

[120] Allen H G. Analysis and design of structural sandwich panels[M]. Oxford: Pergamon Press, 1969.

[121] 周祝林,杨云娣. 泡沫塑料夹层梁弯曲试验和理论分析[J].纤维复合材料,1991,1:6.

[122] 曹志远.复合板件的等效非经典理论解[J].固体力学学报,1981,4:477-490.

[123] 夏利娟,金咸定,汪庠宝.卫星结构蜂窝夹层板的等效计算[J].上海交通大学学报,2003, 37(7): 999-1001.

[124] Srikantha Phani A, Venkatraman K. Vibration control of sandwich beams using electro-rheological fluids[J]. Mechanical Systems and Signal Processing, 2003, 17(5): 1083-1095.

[125] 李刚,程耿东.基于分灾模式的结构防灾减灾设计概念的再思考[J]. 大连理工大学学报, 1998, 38(1): 10-15.

[126] 李兆凯,方耀楚,李刚,等.失效模式约束下层级褶皱结构的多目标优化[J].工程力学,2017,34(5):226-234.

后　记

本书引入了弹性板理论和夹层板理论,分析了二级层级褶皱结构压缩和剪切工况下的失效模式以及夹层梁弯曲失效模式;对夹层梁三点弯曲挠度计算给出了一个修正系数,将芯层剪切变形对挠度的贡献进行了修正,并对二级层级褶皱夹层结构进行了正交各向异性弹性常数等效;最后,结合失效模式、等效弹性常数对二级层级褶皱结构优化设计构造了 6 个优化模型,主要得到了如下结论:

(1)基于弹性板理论和夹层板理论对二级层级褶皱结构失效模式进行了分析,分别得到了压缩工况和剪切工况下各失效模式的基本解,并以名义应力的形式对二级层级褶皱结构的承载能力进行了表征。通过失效模式间的占优关系构造了二级层级褶皱结构失效机理图,发现大支撑剪切失效和小支撑塑性屈服不会同时发生,这两个失效模式之间存在一个只有 l_1/l 有关的界限值。结合二级层级褶皱结构几何参数对其失效模式进行了归类总结,将本书提出的板模型与文献所给的弹性梁模型进行对比,发现当 $b/r>1$ 时,本书所给的板模型具有更好的精度。

(2)基于 Mindlin 理论分析二级层级褶皱结构单胞的失效模式,得到了大支撑和小支撑失效时的通用名义应力表达式。考虑 6 种失效模式,根据失效部位的轴力得到了 6 种失效模式对应的名义应力表达式;考虑大支撑和小支撑的倾角不同,对梁模型和薄板模型的名义应力公式进行了推广;构建了 6 种模型,分别对应 6 种失效模式,将中厚板模型计算得到的名义应力值与有限元结果进行对比,误差均在 8% 以内,证明中厚板模型具有较好的精度;构建了两组模型,分别对应大支撑弹性褶皱和小支撑弹性屈曲两种失效模式。两组模型分别考虑不同的厚度,分别采用薄板模型和中厚板模型计算名义应力值,以有限元结果为基准;通过结果对比证明两种板模型在构件厚度较小时均具有较好的精度;在一定范围内,随着厚度的增大,薄板模型的误差随之增大,而中厚板模型仍然具有较好的精度。

(3)对二级层级褶皱夹芯梁弯曲行为的失效模式进行了研究,与传统连续介质夹层梁相比,这类多孔层级夹芯的失效模式更加丰富。将夹层梁截面剪力作为引起夹芯失效的外部荷载输入,从弹塑性屈曲和屈服角度,将传统的夹芯剪切失效细化为 6 种失效模式,得到各失效模式对应的极限荷载表达,通过各失效模式时的极限荷载可以得到任意荷载类型作用下的二级层级褶皱夹层梁承载能力。基于各失效模式对应的夹层梁承载能力构建失效机理图,并对不同几何参数对失效机理的影响进行了讨论;分别基于中厚板模型和薄板模型,分析二级层级褶皱夹芯梁在三点弯曲、均布荷载和集中力荷载3种工况下的弯曲失效模式。将夹芯梁的失效模式归纳为面板塑性屈服、面板弹性褶皱、大支撑塑性屈服、大支撑剪切屈曲、大支撑弹性屈曲、大支撑弹性褶皱、小支撑塑性屈服和小支撑弹性屈曲8类,分别推导了两种板模型发生8种失效模式时对应的极限荷载表达式。

(4)结合二级层级褶皱夹芯结构特点,提出了一个与夹芯结构形式相关的修正系数,将芯层剪切变形对夹层梁挠度的贡献进行了折减,使得三点弯曲挠度理论解精度大大提高。结合有限元分析,研究了几何参数变化对公式精度的影响,发现参数 t/l 和 t_f/H 对挠度计算公式精度影响较大,l_1/l 和 t_1/l_1 对公式精度的影响较小。通过数值试验验证了理论公式的正确性,并发现夹层梁在弯曲荷载作用下的真正承力构件为夹层梁上下面板和芯层大支撑的面板, t 和 t_f 的值对结果精度影响较大,t_1 和 l_1 的值对结果精度影响较小。具有较高精度的理论公式可为工程实际提供方便和指导。

(5)对二级层级褶皱夹层结构的弹性常数进行了均匀化等效。首先,对一级层级褶皱夹层板进行一级等效,通过“三明治”等效和变形协调条件将一级层级褶皱结构等效为正交各向异性均质板,其次,将二级层级褶皱结构视为由三角形桁架夹芯,其组成的基本构件即一级等效后的正交各向异性均质板。通过二级等效得到二级层级褶皱结构夹层板的正交各向异性等效弹性常数。再次,通过与数值解的对比,讨论了等效公式随几何参数变化的误差分布,探讨了误差产生的原因,并对等效公式作出了修正。最后,将等效弹性常数应用到二级层级褶皱夹层梁三点弯曲挠度计算,发现基于本书等效弹性常数的计算结果比基于文献弹性常数的计算结果具有更高的精度。

(6)基于二级层级褶皱结构丰富的失效模式和其性能指标,提出了两类优化问题:结构轻量化设计和性能优化设计。将失效模式、等效弹性常数和结构性能指标有机地结合在一起,并针对两类优化问题给出了6个优化列式:基于特定失效模式的结构轻量化设计、基于特定失效模式序列的结构轻量化设计、基于给定材料的结构强度优化设计、基于等效弹性常数的强度优化设计、基于等效弹性常数的夹层梁挠度优化设计以及基于失效模式的结构应变能最大化设计。多个失效模型为获得满足各类性能需求的设计方案提供了灵活的选择空间,通过算例对优化模型进行了验证,优化后的方案性能指标得到了极大的改善。这也说明了基于性能需求的优化设计思想,可以为设计者获得理想性能的设计方案提供参考和思路。

(7)基于薄板模型和中厚板模型,对失效模式约束下的二级层级褶皱结构单胞进行考虑最小重量和最小挠度的多目标优化设计。建立了两种优化模型:第一种是满足特定失效模式(大支撑弹性褶皱)优先发生;第一种是满足特定失效模式等级序列发生。分别讨论了两种优化的 Pareto 前沿图中的 4 个设计点的性能:位于 B、C 之间的设计更符合工程实际。采用有限元分析验证了 Pareto 前沿图中的设计均满足两种优化模型的约束条件。两种优化模型均可得到性能优异的结构设计,但第二种优化模型是在第一种优化模型的基础上,考虑了名义应力值的差异对结构的承载力的影响,能够防止结构突然发生整体失效,结构更加安全,更利于在工程中使用。

本书主要围绕二级层级褶皱结构失效模式、弹性常数等效以及二级层级褶皱夹层梁弯曲失效模式和三点弯曲挠度计算展开了系列研究,但限于笔者水平以及时间关系,在以下几方面还有待于进一步深入研究:

(1)本书针对二级层级褶皱结构的失效模式分析是基于线性的宏观屈曲和塑性屈服假定的,就薄板构件而言,在屈曲后仍然具有相当的承载能力,因此,对构件屈曲后的强度和大变形展开深入研究,可以更加完善结构失效模式体系。

(2)本书对二级层级褶皱结构弹性常数进行了正交各向异性等效,探讨了几何参数对等效公式精度的影响,并应用于二级层级褶皱夹层梁三点弯曲挠度计算。为了更加全面地把握结构性能,可以将等效思想拓展到夹层结构刚度等效计算中,也可以从等效弹性常数对刚度的影响角度展开更加系统的研究。

(3)本书从理论上对二级层级褶皱结构失效模式和等效弹性常数进行了分析,而在验证方面都是采用数值的方法予以验证,相应的试验验证工作还需进一步展开,为理论分析结果提供更加可信的对比验证。